远程与继续教育系列教材

单片机原理与应用

宋　晖　主编

余张国　主审

电子科技大学出版社

图书在版编目（ＣＩＰ）数据

单片机原理与应用／宋晖主编. —成都：
电子科技大学出版社，2008.12
（远程与继续教育系列教材）
ISBN 978-7-81114-879-4

Ⅰ. 单… Ⅱ.宋… Ⅲ.单片微型计算机－远距离教育－
教材 Ⅳ.TP368.1

中国版本图书馆 CIP 数据核字（2008）第 179982 号

内容提要

MCS-51 系列单片机是学习单片机知识和技术的重要平台，本书以 MCS-51 系列 AT89S52 单片机为主体，讲述单片机的基础知识和应用，包括单片机的硬件系统、指令系统、中断系统、定时器/计数器、串行通信、系统扩展、应用设计等。

本书的特点是强调应用，注重典型性和代表性，重视学生工程实践能力的培养。书中讲解了大量的生活中常用的单片机应用实例，内容力求新颖、全面，主要目的是让学生尽快学会单片机的使用，具备构建单片机应用系统的能力。书中所有程序全部在西南科技大学计算机学院自主设计开发的单片机实验系统上编译通过。

本书适用于各类大专院校及培训机构的教材，也可供各类电子工程、自动化技术人员和计算机爱好者、工程技术人员参考阅读参考。

远程与继续教育系列教材
单片机原理与应用
宋　晖　主编
余张国　主审

出　　版	电子科技大学出版社（成都市一环路东一段 159 号电子信息产业大厦　邮编：610051）
责任编辑	江进优
主　　页	www.uestcp.com.cn
电子邮件	uestcp@uestcp.com.cn
发　　行	新华书店经销
印　　刷	绵阳西南科大三江印务有限公司
成品尺寸	185mm×260mm　　　印张　14.75　　字数　360　千字
版　　次	2008 年 12 月第一版
印　　次	2008 年 12 月第一次印刷
书　　号	ISBN 978-7-81114-879-4
定　　价	25.00　元

远程与继续教育系列教材编审委员会

序

在人类文明的历史上,文字与印刷术的出现,曾是人类文明发展史中的两个里程碑,并引发了教育体制与教学模式的两次飞跃,前者将书面语言加入到了以往只能借助口头语言与动作语言的教育活动中,扩展了教育内容与形式,提高了学生的抽象思维与自学能力;后者使纸张印刷的书籍——课本成为知识的主要载体,大大推动了科学文化的传播与教育的普及。20世纪末,现代网络技术、现代通信技术、现代传媒技术在全球范围内得到了迅速的发展。渗透到人们生活的各个领域,深刻地改变着人们的生活方式,包括学习方式,使教育体制与教学模式产生了前所未有的重大飞跃。在传统教育体制与现代教育体制的冲撞、对抗中"网络教育"应运而生,并日趋成为这个时代创新教育的代言人。网络教育是计算机技术与通信技术相结合的产物,是应国际互联网的发展而出现的一种新的教学模式。网络教育的产生与发展将彻底改变传统教学的模式、内容、手段和方法,最终将导致整个教育思想、教育理论甚至教育体制的根本变革。

随着现代信息技术的日益发达和网络技术的日臻完善,我国高校网络教育也迅速兴起,并取得长足发展。1999年,国务院批转的教育部《面向21世纪教育振兴行动计划》明确提出了实施现代远程教育工程的目的和任务是:形成开放式教育网络,构建终身学习体系。2002年,党的"十六大"明确提出了全面建设小康社会的教育目标是:"形成比较完善的现代国民教育体系","构建终身教育体系","形成全民学习、终身学习的学习型社会,促进人的全面发展",为全面建设小康社会提供高素质的人力资源。与传统的国民教育体系相比,现代国民教育体系更加注重体系完善,结构合理,机会公平,区域均衡,注重各级各类教育的相互衔接,正规教育与非正规教育相互沟通,提倡学历本位与能力本位并重,学校教育与社区教育结合。

发展网络教育是一项具有战略性和全局性意义的举措。它的成败直接关系到国家创建学习型社会是否成功,因而决不可等闲视之。在网络教育方面,西方发达国家无疑已走在了世界的前列,积累了大量成熟经验,在这一领域发展的新趋势和相应的新问题也值得我们重视。"他山之石,可以攻玉",为实现我国教育事业现代化的宏伟目标,现实要求我们,必须在借鉴西方发达国家网络教育经验的基础上,结合我们的实际,走出一条适合我国国情,具有中国特色的网络教育之路。第一,全方位、多角度开放,扩大网络教育的开放程度;第二,调整网络教育的办学结构,实现多层次的人才培养;第三,适应教育体制改革的需要,向受教育者提供全面的素质教育;第四,加强与普通高等教育的交流、合作,实现教育资源的共享;第五,加速网络教育课程和教材体系建设,实现体系化。

从 1999 年开始至今,我国已有 68 所高等学校开展了网络教育试点工作,注册学生 500 万,高校网络教育已经形成一定规模,并且开发使用了大量的多媒体教学资源,逐步形成了网络环境下的教学与管理方式,同时吸引了大量社会资金投入网络教育,促进了高校信息化建设。但是,伴随着网络远程教育的迅猛发展,也出现了一些亟待解决的问题,首先就是网络教材建设滞后问题。

教材建设与管理是保证网络教育质量的重要措施之一,为适应网络教育的教学形式和教学要求,组织编写出版网络教育系列教材就显得十分迫切和重要了。西南科技大学网络教育学院和电子科技大学出版社的领导们为改变目前国内网络教育普遍存在使用普通高等教育所用教材的现状,决定出版一套真正面向全国网络教育学生的系列教材,这是一个非常好的决策。

西南科技大学是较早被教育部批准进行网络教育试点的高校之一,早在 1995 年就受加拿大国际发展署(CIDA)资助,开展"中国西部远程教育"项目的研究。在 6 年的项目合作中,西南科技大学先后选派 200 余名管理人员、教师和网络技术人员赴加进行有关远程教育的管理、教学设计和网络技术支持等方面的培训,这为西南科技大学开展网络教育奠定了坚实的基础。

编写教材除了应该具有针对性外,还应努力编出特色。根据电子科技大学出版社和西南科技大学远程与继续教育系列教材编审委员会的决定,以 CIDA 项目的研究成果和几年来西南科技大学网络教育教学实践的经验总结为基础,编写出具有自己特色的系列教材。同时该系列教材将完全按照网络教育各专业培养方案所设置的公共基础课程和各专业主干课程来编写,这就保证了该套教材可以满足不同院校办出各自专业特色的需要。

按照西南科技大学远程与继续教育系列教材编审委员会的规划,该套教材包括公共基础、经济与管理、土木建筑、电气信息、法学、机械制造 6 类共计 30 余种,涵盖了网络教育各专业的主要公共基础课程和部分主干课程而形成系列,因而可以较好地满足网络教育的教学需要。

我殷切地希望,这套教材能在加强基础、适当降低难度、适应继续教育应用型人才培养、大力引入现代教育技术手段上取得进展,真正成为能满足网络教育需要的优秀教材,别具特色。

按照该套教材编审委员会的计划,这套教材将在 2008 年年底全部出齐。金无足赤,人无完人,书无完书。我相信,在读者的关心和帮助下,随着这套教材的不断发行、应用和改进,必将促进西南科技大学网络教育质量的进一步提高,推动我国网络教育教学改革的进一步深入。

全国高校现代远程教育协作组秘书长

严继昌

前　言

现代计算机技术的发展促进了信息技术的飞速发展,并且逐步走进我们的生活。单片机技术作为计算机技术的一个重要分支,具有体积小、功能多、价格低廉、使用方便和系统设计灵活等优点,广泛应用于工业控制、智能化仪器仪表、家用电器,甚至电子玩具等各个领域。我们日常使用的手机、传真机、打印机、洗衣机、电冰箱、微波炉、汽车引擎、空调机、仪表等都大量使用了单片机。"单片机原理与应用"越来越受到工程技术人员的重视,已经成为工科院校学生的一门必修课程。

网络教育和继续教育的一个特点是分散学习,学生学习的一个主要目的是为了工程应用。本教材的编写主要针对网络教育和继续教育的学生学习的特点,以应用为主,不作过多的理论分析,注重理论与实践的有机结合,使学生能够用较短的时间掌握单片机技术。教材编写的一个特点是原理的讲解尽量做到通俗易懂,并能够和日常生活相联系。在单片机的组成、总线结构、中断、溢出等概念的讲解过程中,我们引入了大量的生活实例,主要目的是帮助读者更好地理解单片机的基本原理。

在过去的三年中,我们开发了360套单片机实验系统,全部投入了本科教学,取得了大量经验,本教材所有的应用实例都是我们设计开发、实践教学过程中的总结。我们在多年从事教学、科研和应用开发取得的成果和经验的基础上,参考大量国内外文献资料和网络资料,结合我们自己的教学实践经验编著了本书。本教材共分九章,第1章到第8章,主要讲解原理;第9章主要面向应用。单片机内容涉及很广,一本教材不可能涵盖所有内容,在应用系统开发过程中,会遇到很多教材中没有的东西,读者可通过网络等各种途径查阅资料。

教材力求突出应用性,所有应用程序的源代码都在我们自主设计开发的实验系统上调试通过。若没有应用,仅靠大量的语言讲解,靠大量的语法规范,读者最后也不能完全吃透原理,最终可能丧失对于本门课程的兴趣。

本书的编写由西南科技大学计算机学院具有丰富的教学、工程经验的教师编写,宋晖任主编,并编写了第1、2、4、5章;第3章由董万利编写;第6章由张蕾编写;第7章由顾娅军编写;第8章由许康编写;第9章由高小明编写。全书由宋晖、顾娅军、史晋芳统稿、本书的编写得到了西南科技大学成教网络学院、计算机学院、电子科技大学出版社的各位领导的大力支持和帮助,在此向他们表示感谢。

全书由西南科技大学信息工程学院余张国主审。编写过程中,陈波、韩永国、林茂松教授对本书提出了许多建议和修改意见,计算机学院实践基地的学生王鲲峰、黄旺、张思军、许国栋等给了我们很大的帮助,在此向他们表示感谢。

由于时间仓促,编写水平有限,书中的错误和疏漏在所难免,恳请读者及专家赐正。

编　者

2008 年 9 月于西南科技大学

目　录

第 1 章　单片机概述

【教学目的】

单片机在生产和生活中具有巨大的应用空间，本章主要讲述单片机的基本结构和发展历程，教材以 MCS-51 系列单片机 AT589S52 为基础讲述单片机的基本原理。

【教学要求】

本章从 MCS-51 系列单片机的基本结构出发，要求理解单片机的一般结构，掌握单片机的基本概念和主要特点，并对单片机的主要应用领域有一定的了解。

【重点难点】

本章重点是计算机的基本结构，难点是单片机内部结构的理解和掌握。

【知识要点】

本章重要知识点是计算机基本结构，单片机的一般结构，单片机发展的四个阶段。

1.1　计算机的基本结构

世界上第一台电子数字式计算机 ENIAC（The Electronic Numerical Intergrator and Computer）于 1946 年 2 月 15 日在美国宾夕法尼亚大学正式投入运行，它使用了 17 468 个真空电子管和 86 000 个其他电子元件，耗资 100 万美元以上，耗电 174 千瓦，占地 170 平方米，有两个教室那么大，重达 30 吨，每秒钟可进行 5000 次加法运算。虽然它的功能还比不上今天最普通的一台微型计算机，但在当时它已是运算速度的绝对冠军，并且其运算的精确度和准确度也是史无前例的。ENIAC 奠定了电子计算机的发展基础，开辟了一个计算机科学技术的新纪元。

ENIAC 诞生后，1946 年 6 月，美籍匈牙利数学家冯·诺依曼提出了重大的改进理论，主要有两点：一是电子计算机应该以二进制为运算基础；二是电子计算机应采用"存储程序"方式工作。冯·诺依曼体系的主要思想包括：

①采用二进制代码形式表示信息（数据、指令）；

②采用存储程序工作方式（冯·诺依曼思想最核心的概念）；

③计算机硬件系统由五大部件（运算器、控制器、存储器、输入设备和输出设备）组成。

这些思想奠定了现代计算机的基本结构，并且开创了程序设计的新时代。冯·诺依曼对计算机界的最大贡献在于"存储程序控制"概念的提出和实现，主要包含以下三个方面的思想：

（1）根据任务编制程序

计算机对任务的处理，首先必须设计相应的算法，而算法是通过程序来实现的，程序就是一条条的指令，告诉计算机按照一定的步骤不断地去执行。程序中还应提供需要处理的数据，或者规定计算机在什么时候、什么情况下从输入设备取得数据，或向输出设备输出数据。

（2）将编制好的程序存储在计算机内部

计算机只能识别二进制文件，也就是一串 0 和 1 的组合。我们编写的程序，不管使用哪种语言，如汇编语言、C 语言、JAVA 等，最终都要编译成二进制代码，也就是机器语言，计算机才能够读懂和识别，才能按照一条条指令去执行。因此，编写好的程序最终将变为指令序列和原始数据，保存在存储器中，提供给计算机执行。

（3）计算机能够自动、连续地执行程序，并得到需要的结果

存储器就是一个个小房间，并且按照一定的地址进行编号，需要执行的指令和数据都以二进制代码的形式存放在存储器中。计算机开始执行程序，设置一个程序计数器 PC（Program Counter）指向需要执行的指令或者代码处，每执行一个字节的指令，PC 计数器自动加 1，如果程序需要转移，PC 指向转移地址处，按照转移地址读取后续指令。计算机就是这样能够自动地、连续不断地从存储器中逐条读取指令，并且完成相应操作，直到整个程序执行完毕。

冯·诺依曼的这些理论的提出，解决了计算机运算自动化的问题和速度配合问题，对后来计算机的发展起到了决定性的作用。直至今天，绝大部分的计算机还是采用冯·诺依曼方式工作。

1.2　计算机的硬件系统

按照冯·诺依曼的计算机结构，整个计算机硬件系统是由存储器、运算器、控制器、输入设备和输出设备五大部件组成的，计算机硬件系统结构如图 1-1 所示。

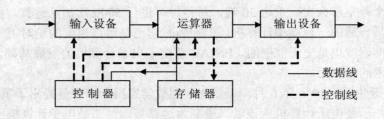

图1-1　计算机硬件系统结构图

1．运算器

运算器又称算术逻辑单元（Arithmetic Logic Unit，简称 ALU）。它是计算机对数据进行加工处理的部件，包括算术运算（加、减、乘、除等）和逻辑运算（与、或、非、异或、比较等）。

2．控制器

控制器负责从存储器中取出指令，并对指令进行译码。根据指令的要求，按时间的先后顺序，负责向其他各部件发出控制信号，保证各部件协调一致地工作，一步一步地完成

各种操作。控制器主要由指令寄存器、译码器、程序计数器、操作控制器等组成。

3. 存储器

存储器是计算机记忆或暂存数据的部件。存储器分为内存储器（内存）和外存储器（外存）两种。计算机中的全部信息，包括原始的输入数据，经过初步加工的中间数据以及最后处理完成的有用信息都存放在存储器中。对输入数据进行加工处理，控制计算机运行的各种程序、指令也都存放在存储器中。

4. 输入设备

输入设备是给计算机输入信息的设备，它是重要的人机接口，负责将输入的信息（包括数据和指令）转换成计算机能识别的二进制代码，送入存储器保存。

5. 输出设备

输出设备是输出计算机处理结果的设备，大多数情况下，它将这些结果转换成便于人们识别的形式。

输入设备和输出设备常常被简称为 I/O 设备。现代计算机可认为是由三大部件组成：CPU、I/O 设备及主存储器 MM，如图 1-2 所示。

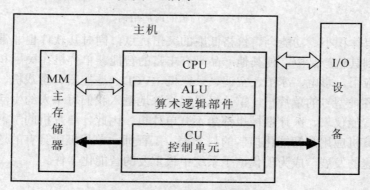

图 1-2　现代计算机的组成框图

现代计算机硬件系统的核心是中央处理器（Central Processing Unit，简称 CPU）。它是采用大规模集成电路工艺制成的芯片，又称微处理器芯片，CPU 的核心是 ALU 和 CU，主要完成数据的运算、处理和控制。

MM（Main Memory）主存储器存放程序和数据，它可直接与 CPU 交换信息。在现代计算机的存储体系中，通常有三级存储体系，高速缓冲存储器（Cache）、MM 主存、外存。三级存储体系的主要作用是不断地提高数据的处理速度，使得最终进入 CPU 的数据速度接近于 ALU 的运算速度。

CPU 与 MM 合起来又可称为主机，I/O 设备也可叫做外部设备。

1.3　单片机简介

随着电子技术的发展，特别是应用技术的飞速发展，计算机逐步向微型化发展。微型计算机就是以微处理器为核心，采用系统总线技术，具备存储能力，通过 I/O 接口和设备和外部交换信息。单片机是单片微型计算机（Single Chip Microcomputer）的简称，特别适合用于控制领域，故又称为微控制器 MCU（Micro Control Unit）。它不是完成某一个逻辑功能的芯片，而是把一个计算机系统集成到一个芯片上。

　　随着大规模和超大规模集成电路的出现及其发展，按照冯·诺依曼体系的基本结构，把中央处理器 CPU（Central Processing Unit）、存储器（Memory）、I / O（Input/Output）接口电路等一些计算机的主要功能部件集成在一块集成电路芯片上，构成一个芯片级的计算机。一块芯片就成了一台计算机，因为整个系统是在单一芯片上完成的，因此单片机是一种典型的片上系统（System on Chip，简称 SOC）。单片机的内部结构如图 1-3 所示。

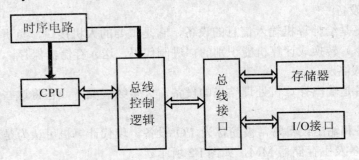

图 1-3　单片机的内部结构

　　单片机具有体积小、功能全、价格低廉的突出优点，同时其软件也非常丰富，并可将这些软件嵌入到其他产品中，使其他产品具有丰富的智能。单片机在民用和工业测控领域得到最广泛的应用。彩电、冰箱、空调、录像机、VCD、遥控器、游戏机、电饭煲等家用电器都使用了各种型号的单片机，单片机早已深深地融入我们每个人的生活。自动控制领域的机器人、智能仪表、医疗器械也都离不开单片机。因此，单片机的学习、开发与应用将造就一批计算机应用与智能化控制的科学家、工程师。单片机所具有的这些优点使之问世后得到了迅速的发展，成为现代电子系统中最重要的智能化器件。

1.3.1　单片机技术发展的四个阶段

　　单片机的发展经历了探索-完善-MCU 化-百花齐放四个阶段。

1．芯片化探索阶段

　　20 世纪 70 年代，美国的 Fairchild（仙童）公司首先推出了世界上第一款单片机 F-8。随后 Intel 公司推出了影响更大、应用更广的 MCS-48 单片机系列。MCS-48 单片机系列的推出标志着工业控制领域进入到智能化嵌入式应用的芯片形态计算机的探索阶段。参与这一探索阶段的还有 Motorola、Zilog 和 Ti 等大公司，它们都在此阶段确立了其在 SCMC（Single Chip Micro-Computer）嵌入式应用领域的地位。这就是 SCMC 的诞生年代，单片机一词即由此而来。

　　这一时期单片机的主要特点是：

◆ 嵌入式计算机系统的芯片集成设计；

◆ 少资源、无软件，只保证基本控制功能。

2．结构体系的完善阶段

Intel 在 MCS-48 成功的基础上很快推出了更加完善的、典型的单片机系列 MCS—51。

MCS-51 系列单片机的推出，标志着 Single Chip Micro-Computer 体系结构的完善。它在以下几个方面奠定了典型的通用总线型单片机的体系结构。

（1）完善的总线结构

◆ 并行总线：具有 8 位数据总线、16 位地址总线及相应的控制总线；

◆ 串行总线：通信总线，扩展总线。

（2）完善的指令系统

◆ 具有很强的位处理功能和逻辑控制功能，以满足工业控制等方面的需要；

◆ 功能单元的 SFR（特殊功能寄存器）集中管理。

（3）完善的 MCS-51 成为 SCMC 的经典体系结构

在 MCS-51 的内核和体系结构的基础上，各大单片机公司相继设计开发了各具特色的单片机。

3. 从 SCMC 向 MCU 化过渡阶段

Intel 公司在推出 MCS-51 单片机后，推出了 MCS-96 单片机，将一些用于测控系统的模数转换器（ADC）、程序运行监视器（WDT）、脉宽调制器（PWM）、高速 I/O 口纳入片中，体现了单片机的微控制器特征。

MCS-51 单片机系列向各大电气商广泛扩散，许多电气商竞相使用 80C51 为核，将许多测控系统中使用的电路技术、接口技术、可靠性技术应用到单片机中。随着单片机内外围功能电路的增强，强化了智能控制器特征。微控制器（Microcontrollers）成为单片机较为准确表达的名词。其特点是：

（1）满足嵌入式应用要求的外围扩展，如 WDT、PWM、ADC、DAC、高速 I/O 等。

（2）众多计算机外围功能集成。

◆ 提供串行扩展总线：SPI、I2C、BUS、Microwire。

◆ 配置现场总线接口：CAN BUS。

（3）CMOS 化，提供功耗管理功能。

4. MCU 的百花齐放阶段

单片机逐步工业控制领域中普遍采用智能化控制工具。为满足不同的要求，出现了一系列高速、大寻址范围、强运算能力和多机通信能力的 8 位、16 位、32 位通用型单片机和专用型单片机，以及形形色色各具特色的现代单片机。这一时期的特点为：

（1）电气商、半导体商普遍介入

MCS-48 的成功，使得许多半导体公司竞相研制和发展自己的单片机系列。世界各地厂商已相继研制出大约 50 个系列 300 多个品种的单片机产品，较有代表性的有 Motorola 公司的 6801、6802，Zilog 公司的 Z80 系列，Microchip 公司的 PIC 系列等。

（2）大力发展专用单片机

通用型与专用型是按某一型号单片机适用范围区分的。通用型单片机不是为某一种专门用途设计的单片机，专用型单片机是针对某一类产品甚至某个产品需要而设计、生产的单片机。

（3）提高综合品质

根据控制单元设计的方式与采用的技术不同，目前市场上的这些单片机可区分为两大类型：复杂指令集（CISC 架构）和精简指令集（RISC 架构）。复杂指令集结构的特点是指令数量多，寻址方式丰富；而精简指令集具有较少的指令与寻址模式，结构简单，成本较低，执行程序的速度较快，成为单片机的后起之秀。

（4）C 语言的广泛支持

◆　单片机普遍支持 C 语言编程，为后来者学习和应用单片机提供了方便；

◆　高级语言减少了选型障碍，便于程序的优化、升级和交流。

1.3.2　MCS-51 单片机系列

单片机的品种很多，最具代表性的当属 Intel 公司的 MCS-51 单片机系列。MCS-51 以其典型的结构、完善的总线、SFR 的集中管理模式、位操作系统和面向控制功能的丰富的指令系统，为单片机的发展奠定了良好的基础。MCS-51 系列的典型芯片是 80C51，众多的厂商都介入了以 80C51 为代表的 8 位单片机的发展，如 Philips、Siemens（Infineon）、Dallas、ATMEL 等公司，我们把这些公司生产的与 80C51 兼容的单片机统称为 80C51 系列。近年来，80C51 系列又有了许多发展，推出一些新产品，主要是改善单片机的控制功能，如内部集成了高速 I/O 口、ADC、PWM、WDT 等，以及低电压、微功耗、电磁兼容、串行扩展总线、控制网络总线性能等。

（1）ATMEL 公司研制的 89CXX 系列是将 Flash Memory 集成在 80C51 中，作为用户程序存储器，并不改变 80C51 的结构和指令系统。

（2）Philips 公司的 83/87C7XX 系列不改变 80C51 结构、指令系统，省去了并行扩展总线，属于非总线的廉价型单片机，特别适合于家电产品。

（3）Infineon（原 Siemens 半导体）公司推出的 C500 系列单片机在保持与 80C51 兼容的前提下增强了各项性能，尤其是增强了电磁兼容性能，增加了 CAN 总线接口，特别适用于工业控制、汽车电子、通信和家电领域。

鉴于 80C51 系列在硬件方面的广泛性、代表性和先进性以及指令系统的兼容性，初学者可以选择 51 系列单片机作为学习单片机的首选类型，至于其他类型的单片机，在深入学习和掌握了 80C51 单片机之后再去学习已不是什么难事。

1.3.3　单片机的发展趋势

1. 制作工艺 CMOS 化

出于对低功耗的普遍要求，目前各大厂商推出的各类单片机产品都采用了 CHMOS 工艺。80C51 系列单片机采用两种半导体工艺生产。一种是 HMOS 工艺，即高密度短沟道 MOS 工艺。另外一种是 CHMOS 工艺，即互补金属氧化物的 HMOS 工艺。CHMOS 是 CMOS 和 HMOS 的结合，除保持了 HMOS 的高速度和高密度的特点之外，还具有 CMOS 低功耗的特点。例如 8051 的功耗为 630mW，而 80C51 的功耗只有 120mW。在便携式、手提式或野外作业仪器设备上低功耗是非常有意义的。因此，在这些产品中必须使用 CHMOS 的单片机芯片。

2. 尽量实现单片化

单片机是将中央处理器 CPU、存储器和 I/O 接口电路等主要功能部件集成在一块集成电路芯片上的微型计算机，由于工艺和其他方面的原因，很多功能部件并未集成在单片机芯片内部，在使用过程中，通常会根据系统设计的需要在外围扩展功能芯片。随着集成电路技术的快速发展，很多单片机生产厂家充分考虑到用户的需求，将一些常用的功能部件，如 A/D（模/数转换器）、D/A（数/模转换器）、PWM（脉冲产生器）以及 LCD（液晶）驱动器等集成到芯片内部，尽量做到单片化。

3. 共性与个性共存

单片机的种类越来越多，Intel、Motorola、Philips、Microchip、EMC、NEC 等公司设计和开发了多种功能不同的产品。在未来相当长的时间内，都将维持这种群雄并起、共性与个性共存的局面。究其原因，主要有以下两点。

首先，以 80C51 为代表的单片机的基础地位不会动摇。80C51 的架构和指令系统为后来的单片机提供了参考基准和强大支持，凡是学过 80C51 单片机的人再去学用其他类型的单片机就比较容易，有关这方面的教材建设在出版界也得到了共识，目前单片机的教学主要以 80C51 为教材。

其次，个性化的产品在满足用户需求方面得到了使用者的认可，这些产品的设计和开发吸收了 80C51 的基本思想和理念，以用户需要为根本，在市场上受到欢迎。

总之，80C51 作为共性的代表会与个性化的产品相互依存，共同发展，将会给用户带来更大的实惠与方便。

1.3.4 单片机的应用范围

单片机运算时钟频率一般只有几兆至几十兆 Hz，如 80C51 单片机常用的晶振频率有 6MHz、11.0592MHz 和 24MHz 等；单片机内部程序空间也比较小，一般在几 KB 到几十 KB；单片机内存 RAM 一般为几百个 B 到几 KB。虽然单片机的性能无法和 PC 计算机相比，但是单片机具有高可靠性、体积小、智能性、实时性强等诸多特点，而且价格低廉，使单片机成为工程师们开发嵌入式应用系统和小型智能化产品的首选。

举个单片机应用的典型例子。如老式洗衣机采用的机械式定时控制器，功能单一，而故障频繁。要开发家用智能化洗衣机，采用性能强大的通用计算机（PC 机）固然能够轻易实现，但是这样就大材小用了，而且其成本太高，体积庞大……最佳的解决方案就是采用廉价单片机，采用"单片机＋控制程序＋接口电路＋执行机构"的智能化洗衣机控制方案后，洗衣机就有了智能化的特性，能够自动进行控制整个洗涤过程，包括注水、加洗衣粉、洗涤、漂洗、脱水、烘干等一系列工作过程，甚至能够自动判断洗衣量及衣服材质而采用最佳的洗涤方式，并且有多种不同的洗涤程序（方式）给你选择，你只需把衣服放进洗衣机，以后的洗衣过程就在单片机的自动控制下完成了，洗涤完后你拿出来就已经烘干可以穿了。这就是实实在在的全自动、智能化，极大地降低了我们的劳动强度。

从上面的简单例子中，我们看到了单片机应用的现实意义。单片机极高的可靠性、微型性和智能性使单片机已成为工业控制领域中普遍采用的智能化控制工具，已经深深地渗入我们的日常生活——小到玩具、家电行业，大到车载、舰船电子系统，遍及计量测试、工业过程控制、机械电子、金融电子、商用电子、办公自动化、工业机器人、军事和航空航天等领域都可见到单片机的身影。

1. 智能产品

单片机微处理器与传统的机械产品相结合，使传统机械产品结构简化、控制智能化，构成新一代的机电一体化的产品。例如传真打字机采用单片机，可以取代近千个机械器件；缝纫机采用单片机控制，可执行多功能自动操作、自动调速、控制缝纫花样的选择。

2. 智能仪表

用单片机微处理器改良原有的测量、控制仪表，能使仪表数字化、智能化、多功能化、综合化。而测量仪器中的误差修正、线性化等问题也可迎刃而解。

3. 测控系统

用单片机微处理器可以设计各种工业控制系统、环境控制系统、数据控制系统，例如温室人工气候控制、水闸自动控制、电镀生产线自动控制、汽轮机电液调节系统等。

4. 数控型控制机

在目前数字控制系统的简易控制机中，采用单片机可提高可靠性，增强其功能、降低成本。例如在两坐标的连续控制系统中，用 80C51 单片机微处理器组成的系统代替 Z80 组合系统，在完成同样功能的条件下，其程序长度可减少 50%，提高了执行速度。数控型控制机采用单片机后可能改变其结构模式，例如使控制机与伺服控制分开，用单片机构成的步进电机控制器可减轻数控型控制机的负担。

5. 智能接口

微电脑系统，特别是较大型的工业测控系统中，除外围装置（打印机、键盘、磁盘、CRT）外，还有许多外部通信、采集、多路分配管理、驱动控制等接口。这些外围装置与接口如果完全由主机进行管理，势必造成主机负担过重，降低执行速度。如果采用单片机进行接口的控制与管理，单片机微处理器与主机可并行工作，大大地提高系统的执行速度。如在大型数据采集系统中，用单片机对模拟/数字转换接口进行控制不仅可提高采集速度，还可对数据进行预先处理，如数字滤波、线性化处理、误差修正等。在通信接口中采用单片机可对数据进行编码译码、分配管理、接收/发送控制等。

【本章小结】

本章主要介绍了单片机的一般结构，单片机发展的四个阶段及各个阶段的基本特点。并以应用最为广泛的 MCS-51 系列为基础，从应用的角度讲述单片机的发展趋势和应用范围，为学习单片机及相关知识打下基础。

1.4　习题

1. 简述冯·诺依曼体系的主要思想。

2. 什么叫单片机？单片机由哪些基本部件组成？单片机与一般的计算机有什么差别？

3. 单片机主要应用于哪些领域？

4. 简述单片机发展的四个阶段。

第 2 章　AT89S52 单片机系统结构

【教学目的】

　　本章主要讲述 AT89S52 单片机的系统结构。主要学习和理解单片机的端口、总线等基本结构，然后以 AT89S52 单片机为例学习单片机的基本结构及其寄存器的功能和使用方法。

【教学要求】

　　本章要求掌握单片机总线相关概念，了解 AT89S52 单片机内部系统结构的组成及各寄存器的功能与使用方法，理解 AT89S52 单片机存储器结构，掌握 AT89S52 单片机端口操作方法。

【重点难点】

　　本章重点是单片机的内部结构、存储器结构和 I/O 端口。难点是单片机的存储器结构和单片机内部的时序。

【知识要点】

　　本章知识点较多，要重点掌握的知识点有：单片机的总线结构，单片机的内部结构，单片机的寄存器组织，存储器结构，单片机的端口，机器周期和指令周期，复位电路等。

2.1　单片机的组成

　　单片机要自动完成计算，它应该具有哪些最重要的部分呢？

　　我们以打算盘计算一道算术题为例进行说明。

　　例：$111+109\times188-128\div32$

　　现在要进行运算，首先需要一把算盘，其次是纸和笔。我们把要计算的问题记录下来。第一步先算 109×188，再把它与 111 相加的结果记在纸上，第二步计算 $128\div32$，再把它从上一次结果中减去，就得到最后的结果。

　　现在，用单片机来完成上述过程，显然，它首先要有代替算盘进行运算的部件，这就是"运算器"；其次，要有能起到纸和笔作用的器件，即能记忆原始题目、原始数据和中间结果，还要记住使单片机能自动进行运算而编制的各种命令，这类器件就称为"存储器"。此外，还需要有能代替人作用的控制器，它能根据事先给定的命令发出各种控制信号，使整个计算过程一步步地进行。但是光有这三部分还不够，原始的数据与命令要输入，计算的结果要输出，都需要按先后顺序进行，有时还需等待。

　　如上例中，当在计算 109×188 时，数字 111 就不能同时进入运算器。因此就需要在单片机上设置按控制器的命令进行动作的"门"，当运算器需要时，就让新数据进入。或者，当运算器得到最后结果时，再将此结果输出，而中间结果不能随便"流出"单片机。这种对输入、输出数据进行一定管理的"门"电路在单片机中称为"口"（Port）。

在单片机中，基本上有三类信息在流动，第一类是数据，即各种原始数据（如上例中的 111、109 等）、中间结果（如 128÷32 所得的商 4）、程序（命令的集合）等。这些数据要由外部设备通过相应的通道进入单片机，再存放在存储器中。在运算处理过程中，数据从存储器读入运算器进行运算，运算的中间结果要存入存储器中，或最后由运算器经"I/O口"输出。第二类信息是控制命令。用户发给单片机执行的各种命令（程序）也以数据的形式由存储器送入控制器，由控制器译码后变为各种控制信号，以便执行如加、减、乘、除等功能的各种命令，这类信息称为控制命令，控制器控制运算器进行运算和处理，同时控制存储器的读（取出数据）和写（存入数据）等操作。第三类信息是地址信息，其作用是告诉运算器和控制器在何处去取命令取数据，将结果存放到什么地方，通过哪个口输入和输出信息等。

存储器又分为只读存储器（ROM）和读写存储器（RAM）。只读存储器存放调试好的固定程序和常数，一旦将数据存入，就只能读出，不能更改；读写存储器存放一些随时有可能变动的数据，可随时存入或读出数据，但是数据在掉电后丢失。

运算器和控制器合称为中央处理单元——CPU。单片机除了进行运算外，还要完成控制功能，所以离不开计数和定时，在单片机中一般设置有定时器和计数器，单片机里的时钟电路，控制单片机按照一定的时序进行运算和控制。单片机中还有一个重要的概念"中断系统"。"中断系统"在单片机中起着"传达室"的作用，当单片机控制对象的参数到达某个需要加以干预的状态时，就可经此"传达室"通报给 CPU，使 CPU 根据外部事态的轻重缓急来采取适当的应付措施。

现在，我们已经知道了单片机的组成，下面的问题是如何将各部分连接成一个整体。在单片机内部有一条将它们连接起来的"纽带"，即所谓的"总线"。"总线"就像我们生活中的交通"干道"一样，把不同的地方和城市连接起来。而 CPU、ROM、RAM、I/O口、中断系统等就分布在此"总线"的两旁，并和它连通。在计算机中，一切指令、数据都可经内部总线传送。

2.2　单片机中的总线

微处理器是计算机的核心，各器件都要与微处理器相连，各器件之间的工作必须相互协调，微处理机中引入了总线的概念，各个器件共同享用总线。在计算机中，根据总线的功能可以分为数据总线、地址总线和控制总线。

1. 数据总线（DB，Data Bus）

数据总线是片内外之间用来相互传送数据的总线，所有器件的数据线全部接到公用的数据总线上，即相当于各个器件并联起来。在 AT89S52 中，数据总线宽度为 8 位，就是一次可以同时处理 8 位数据，每次恰好操作一个字节。

2. 地址总线（AB，Address Bus）

在单片机的外部存储器和其它器件中有存储单元，这些存储单元要被分配地址才能使用。数据是按照地址进行存储的，就像我们坐火车一样，首先对火车进行编号，比如哪节车厢，哪个座位，这就是地址，然后我们每个人才可以按照这个地址就坐，这个时候，我们每个人就是数据。单片机信息按存储单元分组存放在存储器中，每一个存储单元有唯一的存储器地址与之对应。在一个存储单元中进行读写之前，单片机首先选择所需要的存储器地址，把地址信息输出到地址总线上，然后通过译码器译出相应的地址。

AT89S52 单片机地址总线宽度为 16 位，表示符号为 A0～A15，可以分配 2^{16}=65536 个地址，地址从 0000H～FFFFH。

3．控制总线（CB，Control Bus）

控制总线是用来传送控制信息的总线，主要功能是传送控制信息，使单片机与外部电路的操作同步。控制总线分为输入控制线和输出控制线，计算机在控制总线的控制下进行相应的操作。

2.3　单片机的指令和指令系统

前面已经讲述了单片机的几个主要组成部分，这些部分构成了单片机的硬件（Hardware），有了硬件才有了实现计算和控制功能的基础。单片机要真正地能进行计算和控制，还必须有软件（Software）的配合。只有将各种正确的程序存入单片机，给计算机相应的数据和指令，它才能有效地工作。单片机之所以能自动地进行运算和控制，正是由于人把实现计算和控制的步骤用命令的形式，即一条条指令（Instruction）预先存入到存储器中，单片机在 CPU 的控制下，将指令一条条地取出来，并加以翻译和执行，最终得到相应的结果。

A+B=C，这是一个简单的两数的运算，我们看看运算过程。在进行运算前，首先应该把 A 和 B 这两个数存入存储器后，然后进行下面的运算：

第一步：把 A 从它的存贮单元中取出来，送至运算器；

第二步：把 B 从它所在的存贮单元中取出来，送至运算器；

第三步：进行相加运算，A+B；

第四步：把相加完的结果 C，送至存储器中指定的单元。

在上面的运算过程中，数据的输入、输出、相加等，我们称作一次操作（Operation），我们把要求计算机执行的各种操作用命令的形式写下来，这就是指令。单片机怎样才能辨别和执行这些操作呢？这是在设计单片机时由设计人员赋予它的指令系统所决定的。一条指令对应着一种基本操作，单片机所能执行的全部指令，就是该单片机的指令系统（Instruction Set），不同种类的单片机，其指令系统亦不相同。

2.4　AT89S52 单片机的外部引脚及功能

AT89S52 是一种带 8KB 闪速可编程可擦除只读存储器（FPEROM，Flash Programmable and Erasable Read Only Memory）的低电压、高性能 CMOS 型 8 位单片机。该器件采用 ATMEL 高密度非易失存储器制造技术制造，与工业标准的 80C51 指令集和输出管脚相兼容。由于将多功能 8 位 CPU 和闪速存储器组合在单个芯片中，ATMEL 的 AT89S52 是一种高效微控制器，为很多嵌入式控制系统提供了一种灵活性高且价廉的方案，具有以下主要基本特征：

◆ 8 位 CPU，和 MCS-51 单片机产品完全兼容

◆ 8KB 在系统可编程 Flash 存储器

◆ 1000 次擦写周期

◆ 振荡器和时钟电路的全静态操作：0Hz～33Hz

◆ 三级加密程序存储器

◆ 32 个可编程 I/O 口线

◆ 3 个 16 位定时器/计数器

◆ 8 个中断源，6 个中断矢量，2 级优先权的中断系统

◆ 全双工 UART 串行通道

◆ 低功耗空闲和掉电模式

◆ 掉电后中断可唤醒

◆ 具有看门狗定时器

◆ 双数据指针 DPTR0 和 DPTR1

◆ 具有掉电标识符 POF

AT89S52 的制造工艺为 HMOS，采用 40 引脚的双列直插式的 PDIP 封装。PDIP（Plastic Dual Inline Package）称为塑封双列直插式封装，可直接插入标准插座或焊在印制板上。其外部引脚为图 2-1 所示。

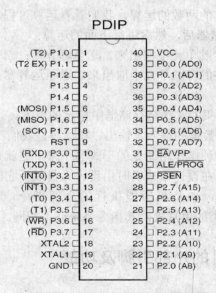

图 2-1　AT89S52 单片机外部引脚图

除采用PDIP封装外，还可以采用TQFP（Thin Quad Flat Pack）纤薄四方扁平封装，或者采用PLCC（Plastic Leaded Chip Carrier）有引线塑料芯片载体封装，如图2-2、2-3所示。

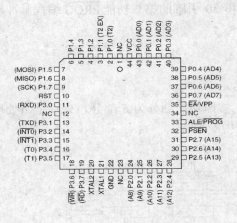

图 2-2　PLCC 封装

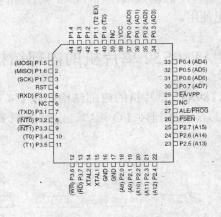

图 2-3　TQFP 封装

1．主电源及时钟引脚

此类引脚主要包括电源引脚 V_{CC}、GND，时钟引脚 XTAL1、XTAL2。

①V_{CC}（40 脚）：接+5V 电压，为单片机提供电源。

②GND 接地端（20 脚）：接地。

③单片机的时钟引脚。单片机的时钟提供单片机运行的时序控制信号。单片机的时钟信号是一个方波脉冲信号，如果没有这个脉冲信号，单片机就根本无法工作，就像人身上的脉搏一样。单片机在此脉冲信号的基础上，通过内部分频电路周期性地产生一系列的时序控制信号来满足各功能的分时处理要求。

XTAL1（18 脚）、XTAL2（19 脚）：外接晶体引线端。当使用内部时钟振荡器时，这两个引线端外接石英晶体和微调电容。当使用外部时钟时，XTAL1 用于外接外部时钟源。

2．控制引脚

控制引脚共有 4 根，分别是 ALE/$\overline{PROG}$、$\overline{PSEN}$、RST/V_{PD} 和 $\overline{EA}$/V_{PP}。

①ALE/$\overline{PROG}$（Address Latch Enable/Programming）

ALE/$\overline{PROG}$ 为地址锁存信号端/编程脉冲输入端。地址锁存控制信号（ALE）是访问外部程序存储器时，锁存低 8 位地址的输出脉冲，实现低字节地址和数据的分时复用。在一般情况下，ALE 以晶振 1/6 的固定频率输出脉冲，可用来作为外部定时器或时钟使用。编程输入端 $\overline{PROG}$ 在 flash 编程时，用作编程输入脉冲。

②$\overline{PSEN}$（Programe Store Enable）

$\overline{PSEN}$ 引脚是外部程序存储器选通信号。当 AT89S52 从外部程序存储器执行外部代码时，$\overline{PSEN}$ 在每个机器周期被激活两次，而在访问外部数据存储器时，$\overline{PSEN}$ 将不被激活。

③RST（Reset）

RST（Reset）为复位信号输入端，晶振工作时，RST 引脚持续加上 2 个机器周期高电平将使单片机复位。看门狗计时完成后，RST 脚输出 96 个晶振周期的高电平。

④$\overline{EA}$/V_{PP}（External Access enable/Vpower programming）

$\overline{EA}$/V_{PP} 为外部程序存储地址允许输入端 / 编程电源输入端。为使能从 0000H 到 FFFFH 的外部程序存储器读取指令，$\overline{EA}$ 必须接 GND。为了执行内部程序指令，$\overline{EA}$ 应该接 V_{CC}。

V_{PP} 是编程电源输入端，在 Flash 编程期间，它和 30 引脚的第二功能 $\overline{PROG}$ 编程脉冲输入端一起使用。

2.5   AT89S52 单片机的内部结构

AT89S52 单片机的内部结构如图 2-4 所示，按照功能划分为 5 部分，分别是微处理器（CPU）、存储器、I/O 端口、定时器/计数器和中断系统。

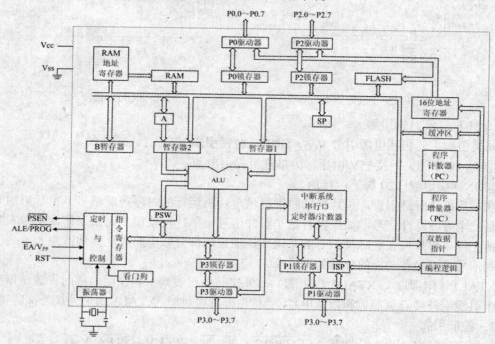

图 2-4   AT89S52 单片机的内部结构框图

2.5.1   AT89S52 单片机微处理器（CPU）

微处理器是单片机内部的核心部件，它决定了单片机的主要功能特性。微处理器由运算器、控制器和专用寄存器组等组成。

1. 以 ALU 为核心的运算器

运算器主要包括算术逻辑运算单元 ALU、累加器 ACC（A）、暂存寄存器、B 寄存器、程序状态标志寄存器 PSW 以及 BCD 码运算修正电路等。

（1）算术逻辑单元 ALU

AT89S52 单片机的 ALU 功能十分强大，主要用来实现对操作数的算术逻辑运算和位操作等，对传送到 CPU 的数据进行加、减、乘、除等算术运算，与、或、异或等逻辑操作。ALU 还具有布尔处理功能，指令系统中的布尔指令集、存储器中的位地址空间与 CPU 中的位操作构成了片内的布尔功能系统，它可对位（bit）变量进行布尔处理，如置位、清零、求补、测试转移及逻辑"与"、"或"等操作，主要具有以下特点：

◆ 在 B 寄存器配合下，能完成乘法与除法操作；

◆ 可进行多种内容交换操作；

◆ 能做比较和跳转操作；

◆ 很强的位操作功能。

ALU主要进行数据运算，有以下两个输出：

◆ 数据经过运算后，其结果又通过内部总线送回到累加器中；

◆ 数据运算后产生的标志位输出至程序状态字寄存器 PSW。

（2）B寄存器

为了乘除运算的需要，AT89S52单片机中专门设置了B寄存器。在执行乘法运算指令时，B寄存器用来存放其中一个乘数和乘积的高8位数；在执行除法运算指令时，B寄存器中存入除数及余数。

B寄存器在乘法和除法指令中作为ALU的输入之一。乘法中，ALU的两个输入分别为A、B，运算结果存放在A、B寄存器中。A存放积的低8位，B存放积的高8位。除法中，被除数取自A，除数取自B，商数存放于A，余数存放于B。在其他情况下，B寄存器可以作为内部RAM中的一个单元来使用。

例如：

    MUL　AB；　A×B→（BA）　　　B 中高 8 位，　A 中低 8 位

    DIV　AB；　A÷B→（A）　　　A 中商，B 中余数

（3）累加器ACC

运算部件中的累加器ACC是一个最常用的具有特殊用途的二进制8位寄存器（ACC也可简写为A），累加器A（Accumulator）专门用来存放操作数或运算结果。在CPU执行运算前，大部分单操作数指令的操作数取自累加器；两操作数指令通常有一个操作数放入累加器中，运算完成后再把运算结果放入累加器中。从功能上看，它与一般微机的累加器相比没有什么特别之处，但需要说明的是ACC的进位标志CY就是布尔处理器进行位操作的一个累加器。

累加器相当于数据的中转站。由于数据传送大多数都通过累加器，容易产生"堵塞"现象，即累加器具有"瓶颈"现象。

（4）程序状态字寄存器PSW

程序状态字寄存器是一个8位寄存器，可读可写，用于存放程序运行的状态信息，相当于一个标志寄存器，这个寄存器的一些位可由软件设置，有些位则由硬件运行时自动设置，表2-1是它的功能说明。

表 2-1　程序状态字

位序	PSW.7	PSW.6	PSW.5	PSW.4	PSW.3	PSW.2	PSW.1	PSW.0
位标志	CY	AC	F0	RS1	RS0	OV	—	P

PSW.7（CY）：进位标志位，最近一次算术指令或逻辑指令执行后，该位对进位位进行标识。当有进位或借位时，CY=1，否则CY＝0。此位有两个功能：一是执行算数运算时，存放进位标志，可被硬件或软件置位或清零；二是在位操作中作累加器使用。

PSW.6（AC）：辅助进位标志位，用于BCD码的十进制调整运算。在加、减运算中，

当D3向D4有进位或借位时AC=1，否则AC＝0。

PSW.5（F0）：用户标志位，供用户设置。用户可以根据需要对PSW.5赋予一定的含义，并依据PSW.5＝0或PSW.5＝1来决定程序的执行方式。

PSW.4、PSW.3（RS1和RS0）：寄存器组选择位。AT89S52共有4组工作寄存器，每组8个单元。8个8位工作寄存器分别用R0～R7表示，可以用软件置位或清除以确定当前使用的工作寄存器区。可以通过改变RS1和RS0的状态来决定R0～R7的实际物理地址，RS1和RS0与工作寄存器R0～R7的物理地址之间的关系如表2-2所示。

表2-2　工作寄存器区选择

PSW.4（RS1）	PSW.3（RS0）	当前使用的工作寄存器区R0～R7
0	0	0区（00～07H）
0	1	1区（08～0FH）
1	0	2区（10～17H）
1	1	3区（18～1FH）

PSW.2（OV）：溢出标志。溢出标志OV在硬件上是通过一个异或门来实现的，即：OV＝C6 $\oplus$ C7，其中，C6为D6位向D7位的进位或借位，C7为D7向C的进位或借位。具体情况如下：

◆ 带符号数运算中，OV＝1 表示加减运算结果超过了累加器 A 所能表示符号数的有效范围（−128～＋127），即产生了溢出，因此运算结果是错误的；否则 OV＝0，运算结果正确，无溢出。

◆ 乘法运算中，OV＝1，表示乘积超过 255，运算的乘积分别放在 B 与 A 中；否则 OV＝0，表示乘积只放在 A 中。

◆ 除法运算中，OV＝1，表示除数为 0，除法不能进行；OV＝0，除数不为 0，除法可正常进行。

PSW.0（P）：奇偶校验位。每个指令周期都由硬件来置位或清除，表示累加器 A 中1的个数的奇偶性。P＝1，累加器 A 中1的个数为奇数；若P＝0，则累加器 A 中1的个数为偶数。

2．控制器

控制器是CPU的大脑中枢，主要功能是控制指令的读入、译码和执行，它以定时控制逻辑为中心，按照预先给定的计算步骤，即预先编写好的已经输入到计算机存储器中的程序发出控制信号，对指令的执行过程进行定时和逻辑控制，根据不同的指令协调单片机各个单元进行有序的工作。控制器主要包括程序计数器PC、指令寄存器IR（Instruction Register）、指令译码器ID（Instruction Decoder）、堆栈指针SP、双数据指针DPTR0、DPTR1以及控制电路（时序电路、中断控制部件、微操作控制部件）等。

（1）程序计数器 PC（Program Counter）

单片机执行一个程序，首先应该把该程序按顺序预先装入存储器 ROM 的某个区域。单片机工作时按顺序一条条取出指令并执行。这个过程中，必须有一个电路能找出指令所在的单元地址，该电路就是程序计数器 PC。当单片机开始执行程序时，给 PC 装入第一条指令所在地址，它每取出一个字节的指令，PC 的内容就自动加1，以指向下一条指令的地址，使指令能顺序执行。只有当程序遇到转移指令、子程序调用指令，或遇到中断时，PC

才转到所需要的地方去。

AT89S52 CPU根据PC指定的地址，从ROM相应单元中取出指令字节放在指令寄存器中寄存，指令代码被译码器译成各种形式的控制信号，这些信号与单片机时钟振荡器产生的时钟脉冲在定时与控制电路中相结合，形成按一定时间节拍变化的电平和时钟，即所谓控制信息，在CPU内部协调寄存器之间的数据传输、运算等操作。

AT89S52的PC是一个16位计数器，寻址范围为64KB，可以对64KB的程序存储器直接寻址。复位时，PC＝0000H，程序从0单元开始执行。

（2）指令寄存器IR和指令译码器ID

PC指向相应的ROM地址，取出来的指令经IR送至ID，由ID对指令译码产生一定序列的控制信号，以执行指令所规定的操作。

指令寄存器IR是8位寄存器，用于存放从ROM中取出的指令码。指令译码器ID对指令码进行译码，用于对送入指令寄存器中的指令进行译码，所谓译码就是把指令转变成执行此指令所需要的电信号。当执行指令时，CPU把从程序存储器中读取的指令代码送入指令寄存器，然后传送到指令译码器ID，当指令送入译码器后，由译码器对该指令进行译码，根据译码器输出的信号，CPU控制电路定时地产生执行该指令所需的各种控制信号，使单片机正确地执行程序所需的各种操作，这些工作都是自动完成的。

（3）堆栈指针SP（Stack Pointer）

堆栈是一种数据结构，它是一个8位寄存器，指示堆栈顶部在内部RAM中的位置。堆栈的最主要特征是"后进先出"规则，也即最先入栈的数据放在堆栈的最底部，而最后入栈的数据放在栈的顶部，因此，最后入栈的数据出栈时则是最先的，其结构如图2-5所示。这和我们在一个箱里存取书本一样，要将放入箱底部的书取出，必须先取走最上层的书籍。

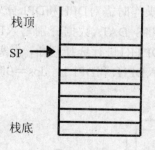

图 2-5 堆栈结构示意图

堆栈的设立是为了中断操作和子程序的调用而用于保存数据的，即常说的断点保护和现场保护。微处理器在执行完子程序和中断服务程序的执行后，需要转回到主程序中来，继续执行原来的程序。在转入子程序和中断服务程序前，必须先将现场的数据进行保存起来，否则返回时，CPU并不知道原来的程序执行到哪一步，原来的中间结果如何。所以在转入执行其他子程序前，先将需要保存的数据压入堆栈中保存，以备返回时，能够返回原来的数据，供主程序继续执行。

AT89S52的堆栈位于RAM中，堆栈占据一定的RAM存储单元。堆栈的操作只有入栈和出栈两种，数据写入堆栈称为入栈（PUSH），从堆栈中取出数据称为出栈（POP）。无论向堆栈写入数据还是从堆栈中读出数据，都是对栈顶单元进行的，SP即指示出栈顶的位置（即地址）。在子程序调用和中断服务程序响应的开始和结束期间，CPU根据SP指示的地址与相应的RAM存储单元交换数据。系统复位后，SP的初始值为07H，堆栈实际上是从08H开始进行数据操作。但从RAM的结构分布中可知，08H～1FH隶属1～3工作寄存器区，编程时需要用到这些数据单元，必须对堆栈指针SP进行初始化，原则上设在任何一个区域均可，但要根据需要灵活设置。

（4）数据指针DPTR（16位）

在AT89S52单片机中，内含2个16位的数据指针寄存器DPTR0和DPTR1。数据指针寄存器DPTR0和DPTR1是两个独特的16位寄存器，DPTR既可以作为一个16位寄存器处理，也可以作为两个8位寄存器处理，其高8位用DPH表示，低8位用DPL表示。DPTR主要功能是作为片外数据存储器或I/O寻址用的地址寄存器（间接寻址），故称为数据存储器地址指针。访问片外数据存储器或I/O的指令为：

$$MOVX \quad A，@DPTR$$
$$MOVX \quad @DPTR，A$$

DPTR寄存器也可以作为访问程序存储器时的基址寄存器。这里访问的是程序存储器中的表格、常数等单元，具体指令如下：

$$MOVC \quad A，@A+DPTR$$
$$JMP \quad\quad @A+DPTR$$

对DPTR的读操作，是通过将DPTR中数据传送给数据暂存寄存器S_REGDATA，再通过对S_REGDATA进行读操作来实现的，因此可在进行DPTR数据暂存前，利用选择位dps来对DPTR进行选取，具体结构如图2-6所示。

在对DPTR进行写操作时，实际上是对DPH和DPL进行操作（DPH地址为83H，DPL地址为82H），因此对DPTR进行写操作时需对DPH和DPL分别进行操作。将要写入的数据暂存在S_DATA寄存器中，再通过将S_DATA数据分别写入DPH和DPL来实现的。因此可在S_DATA数据写入前对DPTR0和DPTR1进行选择判断，来实现对DPTR0和DPTR1的写操作，即dps＝1时，将S_DATA数据写入DPH1和DPL1；dps＝0时，将S_DATA数据写入DPH0和DPL0，具体结构如图2-7所示。

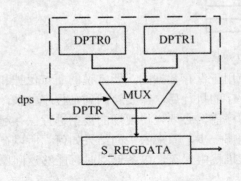

图2-6　DPTR读模块示意图

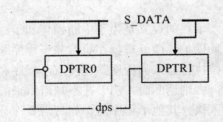

图2-7　DPTR写模块结构图

在PC指针模块和片外RAM地址模块中，也涉及DPTR的读操作，因此该模块的修改与SFR读模块中的修改类似，同样利用dps来实现DPTR0、DPTR1的选取。

2.5.2　存储器基本知识

1．半导体存储芯片的基本结构

半导体存储芯片采用超大规模集成电路制造工艺，其结构如图 2-8 所示。

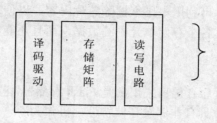

图 2-8　存储芯片的基本结构

存储器芯片通过地址总线、数据总线和控制总线与外部连接。地址线是单向输入，数据线是双向输入输出，数据线和地址的位数共同反映存储芯片的容量。例如：地址线为 10 根，数据线为 4 根，则芯片容量为 $2^{10} \times 4 = 4096 = 4KB$。

控制线主要有读/写控制线与片选线两种。通常主存由多个存储芯片构成，读/写控制线决定芯片进行读/写操作，片选线用来选择存储芯片，如图 2-9 所示。

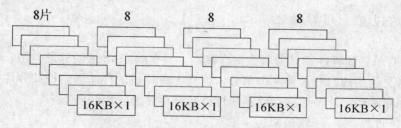

图 2-9　64KB×8 位的存储器

2．半导体存储芯片的分类

根据存储器使用的不同，可以分为只读存储器（ROM）和随机存取存储器（RAM）。

（1）RAM 随机存取存储器（Random Access Memory）

CPU 根据 RAM 的地址将数据随机地写入或读出，电源切断后，所存数据全部丢失。按照集成电路内部结构不同，RAM 又分为两类：

① SRAM（静态 RAM，Static RAM）

静态 RAM 速度非常快，只要电源存在内容就不会消失。但它的基本存储电路是由 6 个 MOS 管组成 1 位。集成度较低，功耗也较大。一般高速缓冲存储器（Cache Memory）用它组成。

② DRAM（动态 RAM，Dynamic RAM）

DRAM 内容会在几秒之后自动消失，因此必须周期性地在内容消失之前进行刷新（Refresh）。由于他的基本存储电路由一个晶体管及一个电容组成，因此它的集成成本较低，另外耗电也少，但需要刷新电路不断刷新。

（2）ROM 只读存储器（Read Only Memory）

ROM 存储器将程序及数据固化在芯片中，数据只能读出不能写入，电源关掉，数据也不会丢失。ROM 按集成电路的内部结构可以分为：

① EPROM 可擦除、可编程（Erasable PROM）

可编程固化程序，且在程序固化后可通过紫外线光照擦除，以便重新固化新数据。

② EEPROM 电可擦除可编程（Electrically Erasable PROM）

可编程固化程序，并可利用电压来擦除芯片内容，以便重新固化新数据。这种存储器不但能够读取已存放在其各个存储单元中的数据，而且还能够随时写进新的数据，或者改写原来的数据。

（3）Flash 存储器

AT89S52 单片机的程序存储器采用的是 Flash 存储器，它是 Intel 公司于 1988 年推出的一种新型半导体存储器，具有非挥发存储特性，可作为新一代可编程只读存储器。它的最大优点是集成度高、价格便宜，不需要脱机擦写，可在线编程。

Flash 存储器可在几秒钟的时间内完成全片的擦除，其典型值为 10μs/byte；价格上，Flash 存储器具有很大的优势，相同容量的 Flash 存储器价格是通用 EEPROM 的一半。Flash 存储器另外一个突出的优点是支持在线编程，允许芯片在不离开电路板或不离开设备的情况下，实现固化和擦除操作，同时具有较强的抗干扰能力，允许电源有 10%的噪声波动。

2.5.3　AT89S52 单片机存储器结构

AT89S52 有单独的程序存储器和数据存储器，具有 64KB 寻址的寻址范围。程序存储器和数据存储器又包括片内和片外两个部分。因此，单片机的存储器结构共分片内程序存储器、片外程序存储器、片内数据存储器和片外数据存储器 4 个部分。

1. 程序存储器

一个微处理器能够聪明地执行某种任务，除了它们强大的硬件外，还需要它们运行的软件，其实微处理器并不聪明，它们只是完全按照人们预先编写的程序而执行之，程序相当于给微处理器处理问题的一系列命令。设计人员编写的程序就存放在微处理器的程序存储器中，俗称只读程序存储器（ROM）。

AT89S52 具有 64KB 程序存储器寻址空间，它用于存放用户程序、数据和表格等信息，程序存储器的结构如图 2-10 所示。

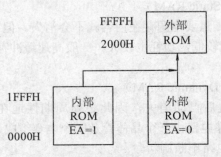

图 2-10　AT89S52 程序存储器的结构

　　程序存储器是以程序计数器（PC）作地址指针的。AT89S52 单片机的程序计数器（PC）为 16 位，因此可以寻址到的地址空间为 64KB。AT89S52 片内片外的程序存储器在统一逻辑空间中，地址从 0000H～FFFFH，共有 64KB 范围。其中片内有 8KB 的程序存储单元，其地址为 0000H～1FFFH，片外地址为 2000H～FFFFH。

　　$\overline{EA}$ 引脚接高电平时，程序从片内程序存储器 0000H 开始执行，即访问片内存储器。当 PC 值超出片内 ROM 容量时，会自动转向片外程序存储器空间执行。$\overline{EA}$ 引脚接低电平时，迫使系统全部执行片外程序存储器 0000H 开始存放的程序。

　　AT89S52 单片机在复位后程序计数器（PC）的内容为 0000H，所以系统必须从 0000H 单元开始取指令，执行程序。0000H 是系统的启动地址，用户在设计程序时一般会在该单元中存放一条绝对跳转指令，主程序则从跳转到的新地址处开始安放。

　　2. 数据存储器（片内 RAM）

　　数据存储器也称为随机存取数据存储器。AT89S52 单片机的数据存储器在物理上和逻辑上都分为两个地址空间，一个内部数据存储区和一个外部数据存储区。内部数据存储器使用 MOV 指令访问，外部数据存储器使用 MOVX 指令访问。外部数据存储器的最大地址空间为 64KB，地址范围为 0000H～FFFFH。

　　AT89S52 有 256 字节片内数据存储器。地址为 00H～FFH。这 256 个单元共分为两部分。一是地址从 00H～7FH 单元（共 128 个字节）为用户数据 RAM。二是 80H～FFH 地址单元（也是 128 个字节）为特殊寄存器（SFR）单元。高 128 字节与特殊功能寄存器重叠，也就是说高 128 字节与特殊功能寄存器有相同的地址，而物理上是分开的。从图 2-11 中可清楚地看出它们的结构分布。

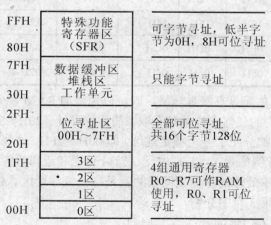

图 2-11　内部数据存储器结构图

　　在 00H～1FH 共 32 个单元被均匀地分为四块，每块包含 8 个 8 位寄存器，均以 R0～R7 来命名，称这些寄存器为通用寄存器。这四块中的寄存器都称为 R0～R7，那么在程序中怎么区分和使用它们呢？根据前面我们讲过的程序状态字寄存器（PSW）来管理它们，CPU 只要定义这个寄存的 PSW 的第 3 和第 4 位（RS0 和 RS1），即可选中这四组通用寄存器。

　　内部数据存储器的 20H～2FH 单元为位寻址区，可作为一般单元用字节寻址，也可对它们的位进行寻址，位寻址区地址如表 2-3 所示。AT89S52 单片机有一个功能很强的位处理器，它实际上是一个完整的 1 位微计算机，在开关决策、逻辑电路仿真和实时控制方面得到广泛应用。

表 2-3   RAM 位寻址区地址表

单元地址	MSB			位地址				LSB
2FH	7FH	7EH	7DH	7CH	7BH	7AH	79H	78H
2EH	77H	76H	75H	74H	73H	72H	71H	70H
2DH	6FH	6EH	6DH	6CH	6BH	6AH	69H	68H
2CH	67H	66H	65H	64H	63H	62H	61H	60H
2BH	5FH	5EH	5DH	5CH	5BH	5AH	59H	58H
2AH	57H	56H	55H	54H	53H	52H	51H	50H
29H	4FH	4EH	4DH	4CH	4BH	4AH	49H	48H
28H	47H	46H	45H	44H	43H	42H	41H	40H
27H	3FH	3EH	3DH	3CH	3BH	3AH	39H	38H
26H	37H	36H	35H	34H	33H	32H	31H	30H
25H	2FH	2EH	2DH	2CH	2BH	2AH	29H	28H
24H	27H	26H	5H	24H	23H	22H	21H	20H
23H	1FH	1EH	1DH	1CH	1BH	1AH	19H	18H
22H	17H	16H	15H	14H	13H	12H	11H	10H
21H	0FH	0EH	0DH	0CH	0BH	0AH	09H	08H
20H	07H	06H	05H	04H	03H	02H	01H	00H

位寻址 16 个 RAM 单元具有双重功能，既可以像普通 RAM 单元一样按字节存取，也可以对每个 RAM 单元中的任何一位单独存取，简称位寻址。20H～2FH 用作位寻址时，共有 $16 \times 8 = 128$ 位，每位都分配了一个特定地址，即 00H～7FH。这些地址称为位地址，CPU 能直接寻址这些位，执行例如置 1、清 0、求反、转移、传送和逻辑等操作。我们常称 AT89S52 具有布尔处理功能，布尔处理的存储空间指的就是这些位寻址区。位寻址过程中经常用到位寻址，详细内容将在第 3 章中介绍。

3. 中断服务程序的入口地址

在程序存储区中，为中断服务程序保存了一段中断服务程序的入口地址：其中一组特殊单元是 0003H～0032H，各个单元各有用途，它们被分为五段，专门留给中断服务程序使用，被称为中断矢量区。AT89S52 共有 8 个中断源，6 个中断矢量，它们的定义如表 2-4 所示。

从表中可以看到，各中断矢量地址的间隔为 8 个字节，即为每个中断服务程序留有 8 个字节的存储空间。中断响应后，按中断的类型，自动转到各自的中断区去执行程序。因此以上地址单元不能用于存放程序的其他内容，只能存放中断服务程序。但是通常情况下，每段只有 8 个地址单元是不能存下完整的中断服务程序的，因而一般也在中断响应的地址区安放一条无条件转移指令，指向程序存储器的其他真正存放中断服务程序的空间，这样中断响应后，CPU 读到这条转移指令，便转向相应的地方去继续执行中断服务程序，可以认为中断矢量区实际存放的是中断服务程序的入口地址。

表 2-4　中断服务程序的入口地址

中断源名称	中断标志位	中断矢量地址
外部中断 0（INT0）	IE0	0003H
定时器 0（T0）中断	TF0	000BH
外部中断（INT1）	IE1	0013H
定时器 1（T1）中断	TF1	001BH
串行口中断	TI	0023H
	RI	
定时器 2（T2）中断	TF2	002BH
	EXF2	

另一组特殊单元是 0000H～0002H 单元，系统复位后，PC 为 0000H，单片机从 0000H 单元开始执行程序，因此需要在程序存储器的 0000H～0002H 存储单元存储一条跳转指令，使程序的执行跳过中断矢量区而转到程序的真正起始地址。

4. 特殊功能寄存器 SFR（Special Function Register）

特殊功能寄存器是指有特殊用途的寄存器集合，也称为专用寄存器，本质上是一些具有特殊功能的片内 RAM 单元，反映单片机的运行状态，很多功能也通过特殊功能寄存器来定义和控制程序的执行。

AT89S52 单片机内部高 128 字节地址（80～FFH）分配给特殊功能寄存器。这个地址空间和芯片内数据存储器的高 128 字节地址完全重叠，但两者在物理硬件上是完全独立的，用寻址方式来区分这个完全重叠的地址空间。使用直接寻址方式访问这个地址空间时，访问的是特殊功能寄存器；使用间接寻址方式访问这个地址空间时，访问的是数据存储器。

AT89S52 有 32 个特殊功能寄存器，它们被离散地分布在内部 RAM 的 80H～FFH 地址中，这些寄存的功能已作了专门的规定，用户不能修改其结构。这些特殊功能寄存器大体上分为两类，一类与芯片的引脚有关，另一类作片内功能的控制用。与芯片引脚有关的特殊功能寄存器是 P0～P3，它们实际上是 4 个八位锁存器（每个 I/O 口一个），每个锁存器附加有相应的输出驱动器和输入缓冲器就构成了一个并行口。AT89S52 共有 P0～P3 四个这样的并行口，可提供 32 根 I/O 线，每根线都是双向的，并且大都有第二功能，其余用于芯片控制的寄存器中。表 2-5 是按照寄存器地址的顺序排列的，这些寄存器的地址没有占满 80～FFH 地址单元，留有一些空闲的存储单元。对这些空闲的存储单元用户不可以访问，表 2-5 中标记*的特殊功能寄存器既可以按位又可以按字节寻址，其余则不能按位寻址。

表 2-5　特殊寄存器 SFR 名称、符号、地址和复位值

序	寄存器名称	寄存器符号	地址	复位值
1	P0 口锁存器	P0*	80H	FFH
2	堆栈指针	SP	81H	07H
3	数据指针 DPTR0 的低 8 位	DP0L	82H	00H
4	数据指针 DPTR0 的高 8 位	DP0H	83H	00H
5	数据指针 DPTR1 的低 8 位	DP1L	84H	00H
6	数据指针 DPTR1 的高 8 位	DP1H	85H	00H
7	电源控制寄存器	PCON	87H	0xxx 0000B
8	定时器/计数器 0 和 1 控制寄存器	TCON*	88H	00H
9	定时器/计数器 0 和 1 模式控制寄存器	TMOD	89H	00H
10	定时器/计数器 0 低 8 位	TL0	8AH	00H
11	定时器/计数器 1 低 8 位	TL1	8BH	00H
12	定时器/计数器 0 高 8 位	TH0	8CH	00H
13	定时器/计数器 1 高 8 位	TH1	8DH	00H
14	辅助寄存器	AUXR	8EH	xxx0 0xx0B
15	P1 口锁存器	P1*	90H	FFH
16	串行口控制寄存器	SCON*	98H	00H
17	串行数据缓冲器	SBUF	99H	xxxx xxxxB
18	P2 口锁存器	P2*	0A0H	FFH
19	辅助寄存器 1	AUXR1	0A2H	xxxx xxx0B
20	WDT 复位寄存器	WDTRST	0A6H	xxxx xxxxB
21	中断允许控制寄存器	IE*	0A8H	0x00 0000B
22	P3 口锁存器	P3*	0B0H	FFH
23	中断优先级控制寄存器	IP*	0B8H	xx00 0000B
24	定时器 2 控制寄存器	T2CON*	0C8H	00H
25	定时器 2 模式寄存器	T2MOD	0C9H	xxxx xx00B
26	定时器 2 捕捉/重装寄存器低 8 位	RCAP2L	0CAH	00H
27	定时器 2 捕捉/重装寄存器高 8 位	RCAP2H	0CBH	00H
28	定时器 2 低 8 位	TL2	0CCH	00H
29	定时器 2 高 8 位	TH2	0CDH	00H
30	程序状态字寄存器	PSW*	0D0H	00H
31	累加器	ACC*	0E0H	00H
32	B 寄存器	B*	0F0H	00H

5．几个注意问题

（1）地址的重叠性

单片机中的所有存储器都必须分配地址，可以寻址的地址范围为 64KB，数据存储器与程序存储器都占用相同的地址。

程序存储器中片内片外 0000H～0FFFFH 低 4KB 地址完全重叠，但是我们使用 $\overline{EA}$ 引脚进行区分：$\overline{EA}=0$ 时，选择片外，$\overline{EA}=1$ 时，选择片内，这样就完全区分开来了。

数据存储器中片内外 0000H～00FFH 的 256 个单元地址完全重叠，片内外数据的访问采用不同指令来区分：MOV 指令访问片内数据存储器，MOVX 指令访问片外数据存储器。

（2）程序存储器（ROM）与数据存储器（RAM）的区分

程序存储器（ROM）与数据存储器（RAM）的区分在使用上是严格区分的，程序存储器只能放置程序指令及常数表格，对程序存储器中数据的访问只可以使用 MOVC 指令。而数据存储器则存放数据，片内外的操作指令分别用 MOV、MOVX 进行操作。

（3）位地址空间的区域划分

片内 RAM 中的 20H～2FH 的 128 位，以及 SFR 中的位地址，这些位寻址单元与位指令集构成了位处理器系统。

2.5.4　AT89S52 单片机并行 I/O 端口

学习单片机知识一定要掌握单片机 I/O 口的功能。I/O 端口又称为 I/O 接口，也叫做 I/O 通道或 I/O 通路，是单片机对外部实现控制和信息交换的必经之路。单片机 I/O 端口是数据输入缓冲、数据输出驱动及锁存多项功能 I/O 电路。该引脚可作输入用，也可作输出用，由用户用软件进行决定，由单片机来指挥分析运算协调处理。

AT89S52 单片机有 P0、P1、P2 和 P3 四个 8 位并行 I/O 端口，共占 32 根引脚，每一个 I/O 端口都能独立地用作输入或输出。每个端口包括一个锁存器、一个输出驱动器和输入缓冲器（作输出时数据可以锁存，作输入时数据可以缓冲）。I/O 端口有串行和并行之分，串行 I/O 端口一次只能传送一位二进制信息，并行 I/O 端口一次能传送一组二进制信息。

1．并行 I/O 端口

P0 口为三态双向口，能驱动 8 个 LS 型的 TTL 负载。P0 口作通用 I/O 口时，由于输出级是漏极开路，故用它驱动 NMOS 电路时需外加上拉电阻。

P1、P2、P3 口为准双向口，负载能力为 4 个 LS 型的 TTL 负载路。准双向口的输入操作和输出操作的本质不同，输入操作是读引脚状态，输出操作是对口锁存器的写入操作。由于它们的输出级内部有上拉电阻，因此组成系统时无需外加上拉电阻。

四个并行 I/O 端口作为通用 I/O 口使用时，共有写端口、读端口和读引脚三种操作方式。写端口实际上就是输出数据，是将累加器 A 或其他寄存器中数据传送到端口锁存器中，然后由端口自动从端口引脚线上输出。读端口不是真正的从外部输入数据，而是将端口锁存器中的输出数据读到 CPU 的累加器。读引脚从端口引脚线上读入外部的输入数据，是真正对外部输入数据的操作，端口的上述三种操作实际上是通过指令或程序来实现的。

（1）P0 端口

P0（P0.0～P0.7、32～39 脚）端口字节地址 80H，位地址 80H～87H。P0 口包括一个

输出锁存器、两个三态缓冲器、一个输出驱动电路和一个输出控制电路。输出驱动电路由一对 FET（场效应管）组成，其工作状态受输出控制电路的控制。控制电路包括：一个与门、一个反相器和一路模拟转换开关（MUX）。P0 口位结构如图 2-12 所示。

P0 端口有两种功能：地址/数据分时复用总线和通用 I/O 接口。具体功能由模拟转换开关 MUX 控制：当 MUX 位于图示位置时，P0 口做地址/数据分时复用总线使用；当 MUX 位于另外一个位置时，P0 口做通用 I/O 接口使用。多路开关的切换由内部控制信号控制。

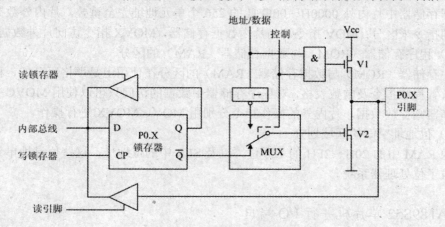

图 2-12   P0 口位结构

◆ 输出操作（写操作）

当 P0 口用作输出口使用时，输出数据写入各口线电路的锁存器。CPU 内部的写脉冲加在 D 触发器的 CP 端，数据写入锁存器，并向端口引脚输出，锁存器的输出与引脚的输出状态是一致的。作通用输出口时，输出级属漏极开路，在驱动 NMOS 电路时应外接上拉电阻。

◆ 输入操作（读操作）

输入操作有读引脚和读锁存器之分，当 P0 口作为输入口使用时，应区分读引脚和读锁存器（端口）两种情况，电路中有两个用于读入的三态缓冲器。

读引脚：读芯片引脚的数据，在端口处于输入状态的情况下读引脚。作输入口使用时，先向锁存器写 1，这时输出极 2 个 FET 截止，可用作高阻抗输入读引脚，这时使用下方的数据缓冲器，由"读引脚"信号把缓冲器打开，把端口引脚上的数据经缓冲器通过内部总线读进来。MOV 类传送指令进行端口读操作就是属于这种情况。

读锁存器：通过上方的缓冲器读锁存器 Q 端的状态。在端口已处于输出状态的情况下读锁存器，此时不能正常读取引脚的信号，只能读取锁存器的状态。这样安排的目的是适应对端口进行"读-修改-写"操作指令的需要。例如"ANL P0，A"就属于这类指令，执行时先读入 P0 口锁存器中的数据，然后与 A 的内容进行逻辑"与"，再把结果送到 P0 口输出。

P0 口在实际应用中，多作为地址/数据总线使用，这要比作一般 I/O 口应用简单。此时，可分为两种情况：一种情况是从 P0 输出地址或数据，这时控制信号应为高电平"1"，转换开关把反相器输出端与下拉 FET 接通，同时与门开锁，输出的地址或数据信号通过与门去驱动上提 FET，又通过反相器去驱动下拉 FET。另一种情况是从 P0 输入数据，这时信号仍应从输入缓冲器进入内部总线。

（2）P1 端口

P1 口字节地址 90H，位地址 90H～97H。P1 口通常是用作通用 I/O 使用的，在电路结构上与 P0 口有一些不同之处。首先，它不再需要多路开关 MUX；其次，电路内部已有上拉电阻，与场效应管共同组成输出驱动电路，电路的输出不是三态的，所以 P1 口是准双向口，P1 口用作输出口使用时，已能向外提供推拉电流负载，无须再外接上拉电阻。

◆ P1 口作通用 I/O 端口使用

P1 口位结构如图 2-13 所示，P1 口的每一位口线能独立用作输入线或输出线。作输出时，如将 "0" 写入锁存器，场效应管导通，输出线为低电平，输出为 "0"。输入时，先将 "1" 写入口锁存器，使场效应管截止，该口线由内部上拉电阻提拉成高电平，同时也能被外部输入源拉成低电平，即当外部输入 "1" 时该口线为高电平。而输入 "0" 时，该口线为低电平。

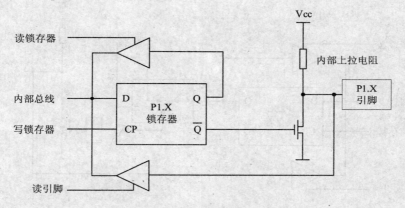

图 2-13　P1 口位结构

CPU 对于 P1 口不仅可以作为一个 8 位口（字节）来操作，也可以按位来操作。有关字节操作的指令有：

输出：　　　MOV　　P1，A　　　　　; P1←A
　　　　　　MOV　　P1，#data　　　; P1←#data
　　　　　　MOV　　P1，direct　　 ; P1←direct
输入：　　　MOV　　A，P1　　　　　; A←P1
　　　　　　MOV　　direct，P1　　 ; direct←P1

P1 口不仅可以以 8 位一组进行输入、输出操作，还可以逐位分别定义各口线为输入线或输出线。

ORL　　P1，#00000010B　　　; 使 P1.1 位输出 1，而使其余各位不变
ANL　　P1，#11111101B　　　; 使 P1.1 位输出 0，而使其余各位不变

有关位操作的指令有：

置位：　　　SETB　　P1.i　　　　; P1.i←1，i 取值 0～7
清除：　　　CLR　　 P1.i　　　　; P1.i←0
输入：　　　MOV　　P1.i，C　　　; P1.i←CY
输出：　　　MOV　　C，P1.i　　　; CY←P1.i
判跳：　　　JB　　　P1.i，rel　 ; P1.i=1，i 取值 0～7，跳转

逻辑运算：ANL　　C，P1.i　　　　　　　；CY←（P1.i·CY）

◆ P1 口其他功能

AT89S52 的 P1.0 和 P1.1 是多功能引脚，P1.0 可作定时器/计数器 2 的外部计数触发输入端 T2，P1.1 可作定时器/计数器 2 的外部控制输入端 T2EX。

（3）P2 端口

P2 口字节地址 A0H，位地址 A0H～A7H。P2 口是一个 8 位准双向 I/O 口，具有两种功能。一是作通用 I/O 口用，与 P1 口相同。二是作系统扩展外部存储器的高 8 位地址总线，输出高 8 位地址，与 P0 口一起组成 16 位地址总线。P2 口位结构如图 2-14 所示，在结构上，P2 口比 P1 口多一个输出控制部分。

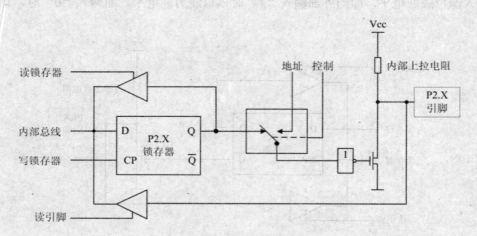

图 2-14　P2 口位结构

◆ P2 口作通用 I/O 端口使用

当 P2 口作通用 I/O 端口使用时，是一个准双向口，此时转换开关 MUX 倒向左边，输出级与锁存器接通，引脚可接 I/O 设备，其输入输出操作与 P1 口完全相同。在无外接程序存储器而有片外数据存储器的系统中，P2 口使用可分为两种情况：

若片外数据存储器的容量小于 256 字节：可使用 MOVX A、@Ri 及 MOVX @Ri，A 类指令访问片外数据存储器，这时 P2 口不输出地址，P2 口仍可作为 I/O 口使用。

若片外数据存储器的容量大于 256 字节：可使用 MOVX A、@DPTR 及 MOVX @DPTR，A 类指令访问片外数据存储器，P2 口需输出高 8 位地址。在片外数据存储器读、写选通期间，P2 口引脚上锁存高 8 位地址信息，但是在选通结束后，P2 口内原来锁存的内容又重新出现在引脚上。

使用 MOVX A，@Ri 及 MOVX@Ri，A 类访问指令时，高位地址通过程序设定，只利用 P1、P3 甚至 P2 口中的某几根口线送高位地址，从而保留 P2 口的全部或部分口线作 I/O 口用。

◆ P2 口作地址总线使用

当系统中接有外部存储器时，P2 口用于输出高 8 位地址 A15～A8。这时在 CPU 的控制下，转换开关 MUX 倒向右边，接通内部地址总线。

（4）P3 端口

　　P3 口字节地址 B0H，位地址 B0H～B7H。P3 口也是一个 8 位准双向 I/O 口，既可以字节操作，也可以位操作；既可以 8 位口操作，也可以逐位定义口线为输入线或输出线；既可以读引脚，也可以读锁存器，实现"读—修改—输出"操作。P3 口的位结构如图 2-15 所示。

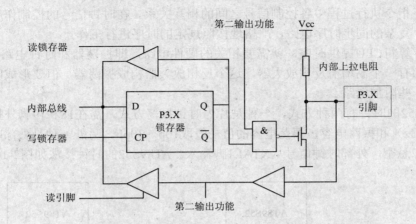

图 2-15．P3 口位结构

P3 口除具有与 P1 口同样的功能外，还具有第二功能（表 2-6）。

表 2-6　P3 口的第二功能

端 口 功 能	第 二 功 能
P3.0	RXD——串行输入（数据接收）口
P3.1	TXD——串行输出（数据发送）口
P3.2	$\overline{INT0}$——外部中断 0 输入线
P3.3	$\overline{INT1}$——外部中断 1 输入线
P3.4	T0　——定时器 0 外部输入
P3.5	T1　——定时器 1 外部输入
P3.6	$\overline{WR}$——外部数据存储器写选通信号输出
P3.7	$\overline{RD}$——外部数据存储器读选通信号输出

2．串行 I/O 端口

　　AT89S52 有一个全双工的可编程串行 I/O 端口。这个串行 I/O 端口既可以在程序控制下将 CPU 的 8 位并行数据变成串行数据一位一位地从发送数据线 TXD 发送出去，也可以把串行接收到的数据变成 8 位并行数据送给 CPU，而且这种串行发送和串行接收可以单独进行，也可以同时进行。

　　AT89S52 串行发送和串行接收利用了 P3 口的第二功能，即利用 P3.1 引脚作为串行数据的发送线 TXD 和 P3.0 引脚作为串行数据的接收线 RXD，如表 2-6 所示。串行 I/O 口的电路结构还包括串行口控制器 SCON、电源及波特率选择寄存器 PCON 和串行数据缓冲器 SBUF 等，它们都属于特殊功能寄存器 SFR。其中 PCON 和 SCON 用于设置串行口工作方式和确定数据的发送和接收波特率，SBUF 实际上由两个 8 位寄存器组成，一个用于存放欲发送的数据，另一个用于存放接收到的数据，起着数据缓冲的作用。

2.6　单片机的工作时序

时钟电路用于产生单片机工作所需要的时钟信号，控制单片机按照一定的节拍运行，时序规定了指令执行过程中各控制信号之间的相互关系。在时钟信号的控制作用下，单片机就是一个复杂的同步时序电路，严格地按照规定的时序进行工作。

要给计算机CPU提供时序，就需要相关的硬件电路，即振荡器和时钟电路。AT89S52单片机内部有一个高增益反相放大器，这个反相放大器构成振荡器，但要形成时钟，外部还需要加一些附加电路。

AT89S52的时钟有两种方式，一种是片内时钟振荡方式，需在18和19脚外接石英晶体（2～12MHz）和振荡电容，振荡电容的值一般取10p～30pF。另外一种是外部时钟方式，即将XTAL2悬空，外部时钟信号从XTAL1脚输入。AT89S52的时钟接法如图2-16所示。

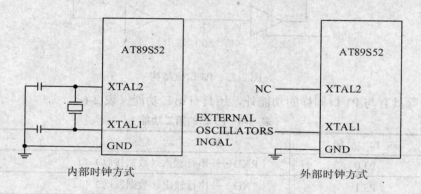

图 2-16　AT89S52 的时钟接法

2.6.1　机器周期和指令周期

计算机在统一的时钟脉冲控制下一拍一拍地进行计算，由于指令的字节数不同，取这些指令所需要的时间也就不同，即使是字节数相同的指令，由于执行操作有较大的差别，不同的指令执行时间也不一定相同。时序是用定时单位来说明的，AT89S52 的时序定时单位共有 4 个，从小到大依次是：振荡周期、时钟周期、机器周期、指令周期。

1. 振荡周期

振荡周期指为单片机提供定时信号的振荡源的周期，即晶体振荡器直接产生的振荡信号，用 Tosc 表示。振荡脉冲的周期也叫做节拍，用 P 表示。

2. 时钟周期

时钟周期是振荡周期的两倍，是对振荡器 2 分频的信号。时钟周期又称状态周期，用 S 来表示，一个时钟周期，分为 P1 和 P2 两个节拍。P1 节拍通常完成算术逻辑操作，P2 节拍通常完成内部寄存器间数据的传递。

3. 机器周期

在计算机中，为了便于管理，常把一条指令的执行过程划分为若干个阶段，每一阶段完成一项工作。例如，取指令、存储器读、存储器写等，这每一项工作称为一个基本操作。

完成一个基本操作所需要的时间称为机器周期。

一般情况下，一个机器周期由若干个 S 周期（状态周期）组成。AT89S52 单片机的一个机器周期由 6 个 S 周期（状态周期）组成。前面已说过一个时钟周期定义为一个节拍（用 P 表示），两个节拍定义为一个状态周期（用 S 表示），一个机器周期由 6 个时钟周期（12 个振荡周期）组成，即 S1～S6。

4．指令周期

指令周期是执行一条指令所需要的时间，一般由若干个机器周期组成。指令不同，所需的机器周期数也不同。对于一些简单的单字节指令，在取指令周期中，指令取出到指令寄存器后，立即译码执行，不再需要其他的机器周期。对于一些比较复杂的指令，例如转移指令、乘法指令，则需要两个或者两个以上的机器周期。

通常含一个机器周期的指令称为单周期指令，包含两个机器周期的指令称为双周期指令。时钟周期、机器周期、指令周期之间的关系图如图 2-17 所示。

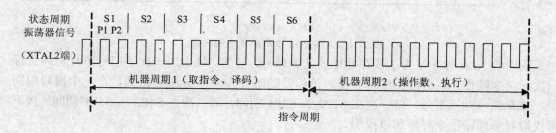

图 2-17　AT89S52 时钟信号和定时单位

综合以上分析，时序之间的关系如下：

振荡周期 $T_{ocs}=1/f_{osc}$，f_{osc} 为振荡频率；

时钟周期 $S=2T_{osc}$；

机器周期 $=12T_{osc}$；

指令周期 $=1～4$ 个机器周期。

若 AT89S52 单片机外接晶振为 12MHz 时，则单片机的四个周期的具体值为：

振荡周期 $=1/12MHz=1/12\mu s=0.0833\mu s$；

时钟周期 $=1/6\mu s=0.167\mu s$；

机器周期 $=1\mu s$；

指令周期 $=1～4\mu s$。

2.6.2　时序分析

单片机中指令的执行包括取指和执行两个阶段。取指阶段，CPU 首先从程序寄存器中取出指令操作码及操作数放入 IR 寄存器中；执行阶段将 IR 寄存器中的指令作码进行译码，产生一系列控制信号来执行这条指令。

AT89S52 单片机指令系统中，按它们的长度可分为单字节指令、双字节指令和三字节指令。执行这些指令需要的时间是不同的，也就是它们所需的机器周期是不同的。图 2-18

为 AT89S52 单周期指令的时序。

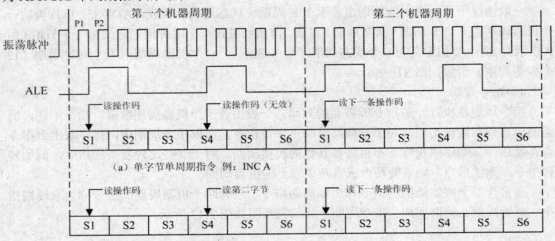

图 2-18　AT89S52 单周期指令的时序

图中的 ALE 脉冲是为了锁存地址的选通信号，显然，每出现一次该信号单片机即进行一次读指令操作。从时序图中可看出，该信号是时钟频率 6 分频后得到，在一个机器周期中，ALE 信号两次有效，第一次在 S1P2 和 S2P1 期间，第二次在 S4P2 和 S5P1 期间。接下来我们对单周期指令时序加以说明。

1. 单字节单周期指令

单字节单周期指令时序图如图 2-18（a）所示。这类指令操作码只有一个字节，AT89S52 从读取指令代码到完成指令的执行只需要一个机器周期，因此只需要进行一次读指令操作。单片机在 ALE 第一次有效（S2P1）时从程序存储器中取出指令，并送到指令寄存器 IR 中，开始执行指令。由于是单字节单周期指令，CPU 在 ALE 第二次有效（S4P2）的时候，封锁程序计数器 PC，PC 并不加 1，那么 CPU 第二次读出的还是原指令，属于一次无效的读操作。

2. 双字节单周期指令

双字节单周期指令时序图如图 2-18（b）所示。这类指令需要分两次从程序存储器中读出操作码。ALE 在第一次有效时读出指令操作码，CPU 译码后确定是双字节指令，程序计数器 PC 加 1，并在 ALE 第二次有效时读出指令的第二个字节，并最后完成指令的执行。

2.7　单片机的复位电路

复位是单片机的初始化操作，其主要功能是把 PC 初始化为 0000H ，使单片机从 0000H 单元开始执行程序。除了进入系统的正常初始化之外，当由于程序运行出错或操作错误使系统处于死机状态时，也需复位，使单片机重新启动。

RST 是复位信号的输入端，复位信号是高电平有效，其有效时间应持续 24 个振荡脉冲周期（即 2 个机器周期）以上。CPU 在第二个机器周期内执行内部复位操作，以后每一个机器周期重复一次，直至 RST 端电平变低。复位期间不产生 ALE 及 PSEN 信号。内部复位操作使堆栈指示器 SP 为 07H，各端口都为 1（P0～P3 口的内容均为 0FFH），特殊功能寄存器都复位为 0，但不影响 RAM 的状态。当 RST 引脚返回低电平以后，CPU 从 0 地址开始执行程序。

　　AT89S52 单片机的复位电路如图 2-19 所示。在 RESET（图中表示为 RST）输入端出现高电平时实现复位和初始化。

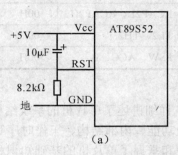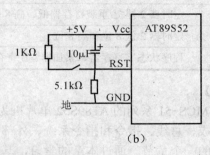

图 2-19　复位电路

　　复位操作有上电自动复位和按键手动复位两种方式。

　　上电自动复位是通过外部复位电路的电容充电来实现的，其电路如图 2-19（a）所示。这样，只要电源 Vcc 的上升时间不超过 1ms，就可以实现自动上电复位，即接通电源就完成了系统的复位、初始化。

　　按键手动复位是通过使复位端经电阻与 Vcc 电源接通而实现的，它兼具上电复位功能。其电路如图 2-19（b）所示。

　　除对 PC 外，复位操作还对其他一些专用寄存器有影响，它们的复位状态如表 2-7 所示。

表 2-7　特殊寄存器 SFR 的复位值

序号	寄存器名称	寄存器符号	复位值
1	程序计数器	PC	0000
2	P0～P3 口锁存器	P0～P3	FFH
3	堆栈指针	SP	07H
4	数据指针 DPTR0 的低 8 位、高 8 位	DP0L、DP0H	00H
5	数据指针 DPTR1 的低 8 位、高 8 位	DP1L、DP1H	00H
6	电源控制寄存器	PCON	0xxx 0000B
7	定时器 0 和 1 控制、模式寄存器	TCON、TMOD	00H
8	定时器 0 低 8 位、高 8 位	TL0、TH0	00H
9	定时器 1 低 8 位、高 8 位	TL1、TH1	00H
10	辅助寄存器	AUXR	xxx0 0xx0B
11	串行口控制寄存器	SCON	00H
12	辅助寄存器 1	AUXR1	xxxx xxx0B
13	中断允许寄存器	IE	0x00 0000B

续表

序号	寄存器名称	寄存器符号	复位值
14	中断优先级寄存器	IP	xx00 0000B
15	定时器 2 控制寄存器	T2CON	00H
16	定时器 2 模式寄存器	T2MOD	xxxx xx00B
17	定时器 2 捕捉/重装寄存器低、高 8 位	RCAP2L、RCAP2H	00H
18	定时器 2 低 8 位和高 8 位	TL2、TH2	00H
19	程序状态字寄存器、累加器、B 寄存器	PSW、ACC、B	00H

【本章小结】

本章以 MCS-51 系列的 AT89S52 单片机为基础，详细讲述了单片机的系统结构，包括单片机的组成、总线、指令和指令系统、外部引脚及功能、内部结构、工作时序等，是本书最为重要的一个章节。通过本章的学习，基本理解和掌握了单片机的基础知识和基本原理，为后面学习和掌握单片机的各个功能单元打下基础。

2.8 习题

1．计算机的总线有哪些？MCS-51 引脚中有多少 I/O 线？控制线各有什么功能？

2．单片机的内部由哪几个部分组成？

3．简述累加器的 ACC 的作用。

4．简述程序状态字各位的功能，如何由 RS1、RS0 的值来确定 R0～R7 的物理地址？

5．决定程序执行顺序的寄存器是哪个？它是几位寄存器？

6．什么叫堆栈？堆栈指针寄存器 SP 的作用是什么？MCS-51 单片机的堆栈区应建立在哪里？

7．DPRT 是什么寄存器？它的作用是什么？

8．片内 RAM 低 128 个单元划分为哪 3 个主要部分？各部分的主要功能是什么？

9．8051 单片机有多少个特殊功能寄存器？它们可以分为几组？各完成什么主要功能？

10．MCS-51 单片机的 4 个并口各有什么功能？

11．什么是指令周期、机器周期、时钟周期、振荡周期？它们之间有什么联系？

第 3 章 寻址方式和指令系统

【教学目的】

本章教学目的是了解指令格式，熟悉单片机执行指令的过程，熟练掌握单片机的各种寻址方式，编写简单的汇编程序。

【教学要求】

本章要求熟悉指令构成，理解和掌握指令的格式，掌握单片机的 7 种寻址方式，熟记各种类型的指令格式及功能，熟悉各类指令对标志位的影响，并能编写简单程序。

【重点难点】

本章的学习重点是指令的寻址方式、指令的操作功能。难点是指令的间接寻址方式、栈操作、算术运算、跳转指令。

【知识要点】

本章的重要知识点有指令的格式及标志、寻址方式、数据操作和指令类型，数据传送指令，算术操作指令，逻辑操作类指令，控制转移指令，位操作类指令等。

3.1 单片机指令系统

通过前面的学习，我们已经了解了单片机内部的结构，并且也已经知道，要控制单片机，需要通过指令来完成。计算机通过执行指令序列来解决问题，因而每种计算机都有一组指令集提供给用户使用，而计算机所能执行的全部指令集合就称为计算机的指令系统。

指令是根据计算机硬件特点研制出来的，指令系统与计算机硬件有着相对应的关系，用指令对计算机进行控制能够充分利用计算机的硬件资源。目前，一般小型和微型计算机的指令系统可以包括几十至百余种指令。

机器语言指令用二进制码表示，是 CPU 唯一能直接识别和执行的指令，但是不便于人们理解。为便于人们使用而采用汇编语言来编写程序。汇编语言的指令是一种符号指令，主要由助记符、符号和数字等来表示，它和机器语言指令是一一对应的，它通过汇编程序将其翻译成机器指令代码（目标代码）来控制 CPU 完成相应的功能。本章按照标准汇编指令来分析指令系统的功能和使用方法。

3.1.1 单片机指令系统

我们已经知道，计算机只能识别二进制代码，所以机器指令是由二进制代码组成的。为便于人们使用，通常采用汇编语言来编写程序。在汇编语言中，为了方便且和机器指令相对应，采用助记符来表示操作码，用符号或者符号地址来表示操作数或操作数地址。汇编语言指令语句格式如下：

　　　标号：操作码【操作数1】，【操作数2】；注释

　　　例如，把立即数F0H送累加器的指令为：

　　　MOV A，#0F0H　　　　　　　　　；立即数F0H（A）

标号是用户定义的符号，实际意义代表当前语句在程序存储器中的存放地址。标号可以缺省，以字母开始，后跟1～8个英文字母或数字，并以冒号结尾。程序中调用或跳转时直接利用标号即可，标号名称应尽量使用与该段程序内容相关且有意义的英文单词或汉语拼音等。

操作码也称为指令助记符，是指令名称的代表符号，汇编语言中由英文单词缩写而成，反映指令的功能。它是指令语句中的关键字，不可缺省，表示指令的操作类型，必要时可以在前面加上一个或多过"前缀"，从而实现某些附加操作。

操作数是参加本指令运算的数据或数据存放的地址。一条指令可以没有操作数，也可以有多个操作数。操作数与操作码之间至少有一个空格隔开，而多个操作数之间必须用逗号（，）将其分开。有些操作数可以用表达式来表示。

注释是程序员对该条指令或程序段的说明，给阅读程序带来方便，汇编程序不对它做任何处理。注释可以缺省，注释必须用分号（；）开头。

汇编语言程序不能被计算机直接识别并执行，必须经过一个中间环节把它翻译成机器语言程序，这个中间过程叫做汇编。汇编有两种方式：机器汇编和手工汇编。机器汇编是用专门的汇编程序，在计算机上进行翻译；手工汇编是编程员把汇编语言指令通过查指令表逐条翻译成机器语言指令。现在主要使用机器汇编，但有时也用到手工汇编。

3.1.2　单片机指令格式

在介绍单片机的指令格式之前，我们先了解一些特殊符号的意义（见表3-1），在后面的指令介绍中将直接使用这些特殊符号。

表3-1　特殊符号意义表

特殊符号	意　　义
Ri	当前选中的寄存器区的8个工作寄存器R0～R7（i=0～7）
Rj	当前选中的寄存器区中可作为地址寄存器的两个寄存器R0和R1（j=0，1）
direct	内部数据存储单元的8位地址。包含0～127（255）内部存储单元地址和特殊功能寄存地址
#data	指令中的8位常数
#data16	指令中的16位常数
addr16	用于LCALL和LJMP指令中的16目的地址，目的地址的空间为64KB程序存储器地址
#addr11	用于ACALL和AJMP指令中的11目的地址，目的地址必须放在与下条指令第一个字节同一个2KB程序存储器空间之中
rel	8位带符号的偏移字节，用于所有的条件转移和SJMP等指令中，偏移字节对于下条指令的第一个字节开始的-128～+127范围内

续表

特殊符号	意　义
@	间接寄存器寻址或基址寄存器的前缀
/	为操作的前缀，声明对该位操作数取反
$	地址计数器的当前值
DPTR	数据指针，16 位
bit	内部 RAM 和特殊功能寄存器的直接寻址位
（x）	某地址单元中的内容
（（x））	由 x 寻址单元中的内容

操作数字段可以只有一个、两个或多个，分别对应于一地址、二地址或三地址指令。目前大部分运算型指令都是双操作数指令，前后两个操作数分别称为目的操作数和源操作数。对于有些指令，不仅给出参加运算的两个操作数，还给出了运算结果的存放位置，这种就称作三地址指令。

1．单字节指令

单字节指令只有一个字节，由 8 位二进制编码表示。操作码和操作数在一个字节中。

例如：MOV　A，Ri　　　　　　　；Ri→（A）把寄存器 Ri 中的内容送到累加器 A 中去。

2．双字节指令

双字节的编码由两个字节组成，其中一个字节为操作码，另一个字节为操作数。该指令存放在存储器时需占用两个存储器单元。

例如：MOV　A，#data　　　　　　；data→（A）把立即数 data 送到累加器 A 中

在 MCS-51 汇编语言指令中，立即数前面必须有符号"#"。

3．三字节指令

三字节指令格式中第一个字节为操作码，其后两个字节为操作数。操作数可以是数据，也可以是地址。

例如：MOV　direct，#data　　　　；data →（direct）把立即数 data 送到内存单元或者特殊功能寄存器中

3.2 寻址方式

根据指令格式，指令的执行就是通过对操作数执行操作码的相应操作来实现。要正确执行指令，就必须能得到正确的操作数和操作码。

指令的操作码字段在机器里的表示比较简单，只需对每一种操作指定确定的二进制代码就可以了。指令的操作数字段的情况就比较复杂，操作数可以存放在寄存器里，也可以放在存储器里，同时由于数据的存放、传送和运算都需要通过指令来完成，程序员必须由始至终都十分清楚操作数的位置。因此，指令用什么方式来获取存放操作数的空间位置和提取操作数就显得非常重要，它会影响到机器运行的速度和效率。

寻址方式就是指令中用来找到存放操作数的地址并把数据提取出来的方法。在带有操作数的指令中，数据可能就在指令中，也有可能在寄存器或存储器中。对这些设备内的数

据要正确进行操作就要在指令中指出其地址，寻找操作数地址的方法称为寻址方式。51 系列单片机指令系统的寻址方式有以下 7 种。

3.2.1　立即数寻址

在这种寻址方式中，指令中跟在操作码后面的一个字节就是实际操作数。该操作数直接参与操作，所以又称为立即数，用符号"#"表示，以区别直接地址。在 MCS-51 汇编语言指令中，立即数前面必须有符号"#"。

例：MOV　A，#0FFH　　　　　；FFH→（A）将立即数 FFH 送入累加器 A 中

这条指令为双字节指令，操作数 FFH 以指令形式存放在程序存储器内。

3.2.2　直接寻址

直接寻址就是在指令中包含了操作数的地址，该地址直接给出了参加运算或传送的数据所在的字节单元或位，它可以访问内部 RAM 的 128 字节单元、221 个位地址空间以及特殊功能寄存器 SFR，且 SFR 和位地址空间只能用直接寻址方式来访问。在指令中含有操作数的直接地址，该地址指出了参与操作的数据所在的字节地址或位地址。直接寻址方式中操作数存储的空间有三种。

（1）访问内部低 128 个字节单元（00H～7FH），指令中直接给出地址。

例：MOV　A，70H　　；70H→（A）把 RAM 70H 单元中的内容送累加器

（2）访问特殊功能寄存器，只能用直接寻址方式进行访问。

例：MOV　IE，#85H　；85H→（IE）。IE 为特殊功能寄存器，其字节地址为 A8H

（3）位地址空间的访问，指令中以位名称或者位地址的形式给出。

例：MOV　C，00H　　　；将 00H 单元的内容→进位位 C

3.2.3　寄存器寻址

寄存器寻址是指以某一个可寻址的寄存器的内容为操作数。对于累加器 A、通用寄存器 B、数据指针寄存器 DPTR 和进位位 C，其寻址时具体的寄存器已隐含在其操作码中，而对于选定的 8 个工作寄存器 R0～R7，则用操作码的低 3 位指明所用寄存器。寄存器寻址指令中，操作数域中给出的是操作数所在的寄存器，寄存器的内容才是本条指令的操作数。

四个寄存器组共有 32 个通用寄存器，但指令中使用的是当前工作寄存器组，因此在使用寄存器寻址指令前，必须将 RS0，S1 位置位，确定当前工作寄存器组（见表 2-2）。

例：MOV　A，Ri　　；（Ri）→（A）

3.2.4　寄存器间接寻址

在这种寻址方式中，操作数所指定的寄存器中存放的不是操作数本身，而是操作数的地址。寄存器间接寻址方式把指令中寄存器的内容作为地址，再到该地址单元取得操作数。

变址寻址寄存器间接寻址用符号"@"表示。

寄存器间接寻址是一种二次寻址方式，程序执行分两步完成：首先根据指令查出寄存器的内容，即操作数的地址；然后根据地址找到所需要的操作数，并完成相应的操作。

寄存器间接寻址只能使用寄存器 R0 或 R1 作为地址指针，来寻址内部 RAM（00H～FFH）中的数据。寄存器间接寻址也适用于访问外部 RAM，此时可使用 R0、R1 或 DPTR 作为地址指针。

例：MOV　A，@Rj　　　；((Rj))→(A)

若 R0 内容为 11H，而内部 RAM 11H 单元中的内容是 33H，则指令 MOV　A，@R0 的功能是将 33H 这个数送到累加器 A 中。

3.2.5　基址寄存器加变址寄存器间接寻址

基址寄存器加变址寄存器间接寻址以数据指针 DPTR 或程序计数器 PC 的内容为基地址，然后，在这个基地址的基础上加上累加器 A 中的地址偏移量形成真正的操作数地址。这种寻址方式常用于查表操作。

例：MOVC　A，@A+DPTR　　　；(DPTR)＋(A))→(A)
　　MOVC　A，@A+PC　　　　；((PC)＋(A))→(A)

A 中为无符号数，指令功能是 A 的内容和 DPTR 或当前 PC 的内容相加得到程序存储器的有效地址，把该存储器单元中的内容送到 A。

3.2.6　相对寻址

相对寻址是将程序计数器 PC 中的当前值（该当前值是指执行完这条相对转移指令后的 PC 的字节地址）为基准，加上指令中给定的偏移量所得结果而形成实际的转移地址。这种寻址方式主要用于转移指令指定转移的目标地址。

一般将相对转移指令操作码所在地址称为源地址，转移后的地址称为目的地址，目的地址的计算方法如下：

目的地址＝源地址＋相对转移指令字节＋相对偏移值

假设 PC＝1000H 是当前该指令的地址，执行 SJMP　02H，则单片机要执行的下一条指令的地址＝（1000H＋2H）＋2H＝1004H，加 02H 是因为当前跳转指令代码为两个字节。执行完指令后，PC＝1004H，单片机将转移到 1004H 程序单元执行程序。

3.2.7　位寻址

位寻址是指对片内RAM的位寻址区和某些可位寻址的特殊功能寄存器进行位操作时的寻址方式。位地址表示一个可作位寻址的单元，它或者在内部RAM中或者是一个硬件的位。

例：MOV　C，20H　　；将 20H 单元的内容→进位位 C

3.3   指令系统

51 系列单片机的指令系统可以分为以下 5 组：数据传送指令、算术运算指令、逻辑运算指令、位操作类指令和控制转移指令。51 指令系统有 42 种助记符代表了 33 种操作功能，共构成 111 种指令。按字节分类，单字节指令 49 条，双字节指令 45 条，三字节指令 17 条。从指令执行的周期看，单机器周期（12 个振荡器周期）指令 64 条，双机器周期指令 45 条，两条（乘、除）四个机器周期指令。

3.3.1   数据传送指令

数据传送指令主要负责把数据、地址或立即数传送到寄存器或存储单元中。所谓传送就是把源地址单元的内容传送到目的地址单元中去，指令执行后一般源地址单元内容不变，或者源地址单元与目的地址单元内容互换。在通常的应用程序中，传送指令占有极大的比例，数据传送是否灵活、迅速，对整个程序的编写和执行起着很大的作用。

51 系列单片机提供了极其丰富的数据传送指令，其数据传送指令可以在累加器 A、工作寄存器、内部数据存储器、外部数据存储器和程序存储器之间进行。这类指令共有 29 条，可分为 3 大类：基本数据传送指令，数据交换指令，栈操作指令。

执行数据传送指令时，除以累加器 A 为目的操作数的指令会对奇偶标志位 P 有影响外，其余指令执行时均不会影响任何标志位。

1．基本数据传送指令

MOV 指令是形式最简单、用得最多的指令。根据数据取自何方和传到何方，还可以有着许多不同的形式。但是有几种组合是没有的：没有寄存器/寄存器的传送，但是指定寄存器组的每个寄存器都有它的直接地址，可以使用直接地址来传送；也没有间接/间接传送。

（1）以累加器 A 为目的操作数类指令

这组指令的作用是把源操作数指向的内容送到累加器 A。有立即数、直接、寄存器和寄存器间接寻址方式：

MOV　A，#data　；data→（A）立即数送到累加器 A 中

MOV　A，direct　；（direct）→（A）直接单元地址中的内容送到累加器 A 中

MOV　A，Ri　　；（Ri）→（A）Ri 中的内容送到累加器 A 中

MOV　A，@Rj　；（（Rj））→（A）Rj 内容指向的地址单元中的内容送到累加器 A

例如：下面语句可以实现将片内 RAM24H 单元中的内容送到累加器 A 中：

MOV　R0，#24H

MOV　A，@R0

（2）以寄存器 Ri 为目的操作数的指令

这组指令的功能是把源操作数指定的内容送到所选定的工作寄存器 Ri 中。有立即、直接和寄存器寻址方式：

MOV　Ri，#data　；data→（Ri）立即数直接送到寄存器 Ri 中

MOV　Ri，direct　；（direct）→（Ri）直接寻址单元中的内容送到寄存器 Ri 中

MOV　Ri，A　　；(A)→(Ri) 累加器 A 中的内容送到寄存器 Ri 中

例如：下面语句可以实现将累加器 A 中的内容送到 R2 寄存器去：

MOV　R2，A

（3）以直接地址为目的操作数的指令

这组指令的功能是把源操作数指定的内容送到由直接地址 direct 所选定的片内 RAM 中。有立即、直接、寄存器和寄存器间 4 种寻址方式：

MOV　direct，#data　；data→(direct) 立即数送到直接地址单元

MOV　direct，direct　；(direct)→(direct) 直接地址单元中内容送到直接地址单元

MOV　direct，A　　；(A)→(direct) 累加器 A 中的内容送到直接地址单元

MOV　direct，Ri　　；(Ri)→(direct) 寄存器 Ri 中的内容送到直接地址单元

MOV　direct，@Rj　；((Rj))→(direct) 寄存器 Rj 中的内容指定的地址单元中的数据送到直接地址单元

例如：下面语句可以实现将累加器 A 中的内容送到片内 RAM24H 单元去：

MOV　24H，A

（4）以间接地址为目的操作数的指令

这组指令的功能是把源操作数指定的内容送到以 Rj 中的内容为地址的片内 RAM 中。有立即、直接和寄存器 3 种寻址方式：

MOV　@Rj，#data　；data→((Rj)) 立即数送以 Rj 中的内容为地址的 RAM 单元

MOV　@Rj，direct　；(data)→((Rj)) 直接地址单元中的内容送到以 Rj 中的内容为地址的 RAM 单元

MOV　@Rj，A　　；(A)→((Rj)) 累加器 A 中的内容送到以 Rj 中的内容为地址的 RAM 单元

例如：下面语句也可以实现将累加器 A 中的内容送到片内 RAM24H 单元去：

MOV　R0，#24H

MOV　@R0，A

（5）查表指令

这组指令的功能是对存放于程序存储器中的数据表格进行查找传送，使用变址寻址方式：

MOVC　A，@A+DPTR　　；((A)+(DPTR))→(A) 表格地址单元中的内容送到累加器 A 中

MOVC　A，@A+PC　　；((PC))+1→(PC)，((A)+(PC))→(A) 表格地址单元中的内容送到累加器 A 中

（6）累加器 A 与片外数据存储器 RAM 传送指令

这组指令的作用是累加器 A 与片外 RAM 间的数据传送。使用寄存器寻址方式：

MOVX　@DPTR，A　；(A)→((DPTR)) 累加器中的内容送到数据指针指向片外 RAM 地址中

MOVX　A，@DPTR　；((DPTR))→(A) 数据指针指向片外 RAM 地址中的内容送到累加器 A 中

MOVX　A，@Rj　　；((Rj))→(A) 寄存器 Rj 指向片外 RAM 地址中的内容送

到累加器 A 中

　　MOVX　@Rj, A　　　　　；(A)→((Rj))累加器中的内容送到寄存器 Rj 指向片外 RAM 地址中

　　例如：将累加器 A 中的内容送到片外 RAM240H 单元去，则下面语句可以完成此功能：

　　MOV　DPTR，#240H

　　MOVX　@DPTR，A

　　（7）16 位数据传送指令

　　这条指令的功能是把 16 位常数送入数据指针寄存器。

　　MOV　DPTR，#data16　　；dataH→(DPH)，dataL→(DPL)16 位常数的高 8 位送到 DPH，低 8 位送到 DPL

　　例如：MOV　DPTR，#5678H 执行后，转用寄存器 DPH 中的内容为 56H，DPL 中的内容为 78H。

　　2．交换指令

　　MOV 指令主要完成从一处到另一处的拷贝，XCH 指令则可实现数据的双向传送。所有的操作都涉及累加器 A，可以把累加器 A 中的内容与源操作数所指的数据相互交换。

　　XCH　A，direct　　　；(A)←→(direct)累加器与直接地址单元中的内容互换

　　XCH　A，Ri　　　　　；(A)←→(Ri)累加器与工作寄存器 Ri 中的内容互换

　　XCH　A，@Rj　　　　；(A)←→((Rj))累加器与工作寄存器 Rj 所指的存储单元中的内容互换

　　XCHD　A，@Rj　　　；$(A_{3\sim0})$←→$((Rj)_{3\sim0})$累加器与工作寄存器 Rj 所指的存储单元中的内容低半字节互换

　　SWAP　A　　　　　　；$(A_{3\sim0})$←→$(A_{7\sim4})$累加器中的内容高低半字节互换

　　例如：若 R0 的内容是 12H，片内 RAM12H 单元的内容是 34H，累加器的内容是 56H，则：

　　（1）执行 XCH　A，@R0 后，累加器 A 的内容变为 34H，片内 RAM12H 单元的内容是 56H，R0 的内容保持不变。

　　（2）执行 XCHD A，@R0 后，累加器 A 的内容变为 54H，片内 RAM12H 单元的内容是 36H，R0 的内容保持不变。

　　（3）执行 SWAP A 后，累加器 A 的内容变为 65H。

　　3．入栈/出栈指令

　　这类指令的作用是把直接寻址单元的内容传送到堆栈指针 SP 所指的单元中，以及把 SP 所指单元的内容送到直接寻址单元中。需要指出的是，单片机开机复位后，(SP)默认为 07H，但一般都需要重新赋值，设置新的 SP 首址。入栈的第一个数据必须存放于 SP+1 所指存储单元，故实际的堆栈底为 SP+1 所指的存储单元。

　　（1）PUSH 指令

　　堆栈的入栈指令，该指令可以把某片内 RAM 单元（低 128 字节）或某专用寄存器的内容入栈。

　　PUSH　direct　　；(SP)+1→(SP)，(direct)→(SP)首先将栈指针 SP 的内容加 1，然后把直接地址指出的单元内容传送到栈指针 SP 所指的内部 RAM 单元中

　　例如：若(SP)=30H，(ACC)=20H，(B)=70H，执行下列指令：

PUSH   ACC
PUSH   B
则：（SP）=32H，（31H）=20H，（32H）=70H
　　（2）POP 指令
堆栈的出栈指令，该指令用于恢复某片内 RAM 单元（低 128 字节）或某专用寄存器的内容。
　　POP   direct   ；（SP）→（direct），（SP）—1→（SP）将堆栈指针 SP 所指的内部 RAM 单元内容送入直接地址指出的字节单元中，栈指针 SP 的内容减 1
　　例如：若（SP）=32H，（32H）=20H，（31H）=10H，执行下列命令：
　　POP   DPH
　　POP   DPL
则：（SP）=30H，（DPTR）=2010H。

3.3.2 算术运算指令

在 51 系列单片机的指令系统中，提供了完备的加、减、乘、除算术运算指令及增量（加 1）、减量（减 1）运算，可处理不带符号或带符号的 8/16 二进制数。除加 1 和减 1 指令外，算术运算指令会影响进位、半进位和溢出位三个标志位。
　　1. 不带进位的加法指令
这组指令的作用是把立即数、直接地址、工作寄存器及间接地址内容与累加器 A 的内容相加，运算结果存在 A 中。
　　ADD   A,#data   ；（A）+ data→（A）累加器 A 中的内容与立即数 data 相加，结果存在 A 中
　　ADD   A, direct   ；（A）+（direct）→（A）累加器 A 中的内容与直接地址单元中的内容相加，结果存在 A 中
　　ADD   A, Ri   ；（A）+（Ri）→（A）累加器 A 中的内容与工作寄存器 Ri 中的内容相加，结果存在 A 中
　　ADD   A, @Rj   ；（A）+（(Rj)）→（A）累加器 A 中的内容与工作寄存器 Rj 所指向地址单元中的内容相加，结果存在 A 中
本组指令的执行将影响标志位 AC、CY、OV、P。当运算结果的第 3、7 位有进位时，分别将 AC、CY 标志位置位；否则复位。对于无符号数，进位标志位 CY＝1，表示溢出；CY＝0 表示无溢出。带符号数运算的溢出取决于第 6、7 位，若这 2 位中有一位产生进位，而另一位不产生进位，则溢出标志位 OV 置位，否则被复位。
　　例如：若累加器 A 的内容为 43H，R0 的内容为 6AH，执行下列指令：
　　ADD A，R0
则：累加器 A 的内容变为 ADH，C 复位，AC 复位，OV 置位。
　　2. 带进位加法指令
这组指令的作用是把立即数、直接地址、工作寄存器及间接地址内容与累加器 A 的内容以及进位位 C 相加，运算结果存在 A 中。

　　ADDC　A, #data　　　; (A) +data+ (C) → (A) 累加器 A 中的内容与立即数连同进位位相加, 结果存在 A 中

　　ADDC　A, direct　　; (A) + (direct) + (C) → (A) 累加器 A 中的内容与直接地址单元的内容连同进位位相加, 结果存在 A 中

　　ADDC　A, Ri　　　　; (A) + (Ri) + (C) → (A) 累加器 A 中的内容与工作寄存器 Ri 中的内容、连同进位位相加, 结果存在 A 中

　　ADDC　A, @Rj　　　; (A) + ((Rj)) + (C) → (A) 累加器 A 中的内容与工作寄存器 Rj 指向地址单元中的内容、连同进位位相加, 结果存在 A 中

　　本组指令执行对标志位 AC、CY、OV、P 的影响与 ADD 指令相同。

　3. 增量指令

　　这组指令的功能均为原寄存器的内容加 1, 结果送回原寄存器。这组指令共有直接、寄存器、寄存器间接寻址等寻址方式:

　　INC　A　　　　　; (A) +1→ (A) 累加器 A 中的内容加 1, 结果存在 A 中

　　INC　direct　　; (direct) +1→ (direct) 直接地址单元中的内容加 1, 结果送回原地址单元中

　　INC　Ri　　　　; (Rn) +1→ (Ri) 寄存器 Ri 的内容加 1, 结果送回原地址单元中

　　INC　@Rj　　　; ((Rj)) +1→ ((Rj)) 工作寄存器 Rj 所指向地址单元中的内容加 1, 结果送回原地址单元中

　　INC　DPTR　　　; (DPTR) +1→ (DPTR) 数据指针内容加 1, 结果送回数据指针中。

　　如果原寄存器的内容为 FFH, 执行加 1 后, 结果就会是 00H

　　增量指令不会对任何标志有影响。

　4. 带借位减法指令

　　这组指令是把立即数、直接地址、间接地址及工作寄存器与累加器 A 连同借位位 C 内容相减, 结果送回累加器 A 中。

　　SUBB　A, #data　　　; (A) −data− (C) → (A) 累加器 A 中的内容与立即数、借位位相减, 结果存在 A 中

　　SUBB　A, direct　　; (A) − (direct) − (C) → (A) 累加器 A 中的内容与直接地址单元中的内容、连同借位位相减, 结果存在 A 中

　　SUBB　A, Ri　　　　; (A) − (Ri) − (C) → (A) 累加器 A 中的内容与工作寄存器中的内容、连同借位位相减, 结果存在 A 中

　　SUBB　A, @Rj　　　; (A) − ((Rj)) − (C) → (A) 累加器 A 中的内容与工作寄存器 Rj 指向的地址单元中的内容、连同借位位相减, 结果存在 A 中

　　本指令执行将影响标志位 AC、CY、OV、P。若第七位有借位, 则将 CY 置位, 否则 CY 复位。若第 3 位有错位, 则置位辅助进位标志 AC, 否则 AC 复位。若第 7 和第 6 位中有一位需借位, 而另一位不借位, 则置位溢出标志 OV。

　　当在进行单字节或多字节减法前, 不知道进位标志位 CY 的值, 则应在减法指令前先将 CY 复位清 "0"。

　　例如: 若累加器 A 的内容为 6AH, R0 的内容为 43H, 进位标志位 CY 的值为 0, 执行下列指令:

SUBB　A，R0

则：累加器 A 的内容变为 27H，C 复位，AC 复位，OV 复位。

5. 减量指令

这组指令的作用是把所指的寄存器内容减 1，结果送回原寄存器，这组指令共有直接、寄存器、寄存器间接寻址等寻址方式。

DEC　A　　　　　；（A）－1→（A）累加器 A 中的内容减 1，结果送回累加器 A 中

DEC　direct　　；（direct）－1→（direct）直接地址单元中的内容减 1，结果送回直接地址单元中

DEC　Ri　　　　；（Ri）－1→（Ri）寄存器 Ri 中内容减 1，结果送回寄存器 Ri 中

DEC　@Rj　　　；（（Rj））－1→（（Rj））寄存器 Rj 指向的地址单元中的内容减 1，结果送回原地址单元中

若原来寄存器内容为 00H，减 1 后将为 FFH。

运算结果不影响任何标志位。

6. 乘法指令

这条指令的作用是把累加器 A 和寄存器 B 中的 8 位无符号数相乘，所得到的是 16 位乘积，这个结果低 8 位存在累加器 A 中，而高 8 位存在寄存器 B 中。

MUL　AB　　　；（A）×（B）→（B）和（A）累加器 A 中的内容与寄存器 B 中的内容相乘，结果存在 B、A 中

乘法指令需要 4 个机器周期。

如果乘积大于 255（0FFH），即 B 的内容不为 0 时，则置位溢出标志位 OV，否则 OV 复位。进位标志位 CY 总是复位为 0。

7. 除法指令

这条指令的作用是把累加器 A 的 8 位无符号整数除以寄存器 B 中的 8 位无符号整数，所得到的商存在累加器 A 中，而余数存在寄存器 B 中。

DIV　AB　　　；（A）÷（B）→（A）和（B）累加器 A 中的内容除以寄存器 B 中的内容，所得到的商存在累加器 A 中，而余数存在寄存器 B 中

除法指令需要 4 个机器周期。

本指令总是将 CY 和 OV 标志位复位。当除数（B 中内容）为 00H 时，那么执行结果将为不定值，则置位溢出标志位 OV。

8. 十进制调整指令

在进行 BCD 码运算时，这条指令总是跟在 ADD 或 ADDC 指令之后，其功能是将执行加法运算后存于累加器 A 中的结果进行调整和修正。

DA　A

3.3.3　逻辑运算指令

在 51 系列单片机的指令系统中提供的逻辑运算指令主要包括 ANL（与），ORL（或），XRL（异或）等指令。

1. 逻辑与指令 ANL

这组指令的功能是在指出的变量之间以位为基础的逻辑与操作。操作数有寄存器寻址、直接寻址、寄存器间接寻址和立即寻址等寻址方式。

ANL　A，#data　　　　　；（A）∧data→（A）累加器 A 的内容和立即数执行逻辑与操作，结果存在累加器 A 中

ANL　A，direct　　　　　；（A）∧（direct）→（A）累加器 A 中的内容和直接地址单元中的内容执行逻辑与操作，结果存在寄存器 A 中

ANL　A，Ri　　　　　　；（A）∧（Ri）→（A）累加器 A 的内容和寄存器 Ri 中的内容执行逻辑与操作，结果存在累加器 A 中

ANL　A，@Rj　　　　　；（A）∧（（Rj））→（A）累加器 A 的内容和工作寄存器 Rj 指向的地址单元中的内容执行逻辑与操作，结果存在累加器 A 中

ANL　direct，#data　　　；（direct）∧data→（direct）直接地址单元中的内容和立即数执行逻辑与操作，结果存在直接地址单元中

ANL　direct，A　　　　　；（direct）∧（A）→（A）直接地址单元中的内容和累加器 A 的内容执行逻辑与操作，结果存在直接地址单元中

例如：若（A）=07H，（R0）=0FDH，执行指令：

ANL　A，R0

则：（A）=05H

2. 逻辑或指令 ORL

这组指令的功能是在所指出的变量之间执行以位为基础的逻辑或操作，结果存到目的变量中去。操作数有立即寻址、直接寻址、寄存器寻址和寄存器间接寻址方式：

ORL　A，#data　　　　　；（A）∨data→（A）累加器 A 的内容和立即数执行逻辑或操作。结果存在累加器 A 中

ORL　A，direct　　　　　；（A）∨（direct）→（A）累加器 A 中的内容和直接地址单元中的内容执行逻辑或操作。结果存在寄存器 A 中

ORL　A，Ri　　　　　　；（A）∨（Ri）→（A）累加器 A 的内容和寄存器 Ri 中的内容执行逻辑或操作。结果存在累加器 A 中

ORL　A，@Rj　　　　　；（A）∨（（Rj））→（A）累加器 A 的内容和工作寄存器 Rj 指向的地址单元中的内容执行逻辑或操作。结果存在累加器 A 中

ORL　direct，#data　　　；（direct）∨data→（direct）直接地址单元中的内容和立即数执行逻辑或操作。结果存在直接地址单元中

ORL　direct，A　　　　　；（direct）∨（A）→（direct）直接地址单元中的内容和累加器 A 的内容执行逻辑或操作。结果存在直接地址单元中

例如：若（P1）=05H，（A）=33H，执行指令：

ORL　P1，A

则：（P1）=37H。

3. 逻辑异或指令 XRL

这组指令的功能是在所指出的变量之间执行以位为基础的逻辑异或操作，结果存放到目的变量中去。操作数有立即寻址、直接寻址、寄存器寻址和寄存器间接寻址方式。

　　XRL　A，#data　　　　；（A）⊕ data→（A）累加器 A 的内容和立即数执行逻辑异或操作。结果存在累加器 A 中

　　XRL　A，direct　　　　；（A）⊕（direct）→（A）累加器 A 中的内容和直接地址单元中的内容执行逻辑异或操作。结果存在寄存器 A 中

　　XRL　A，Ri　　　　　　；（A）⊕（Ri）→（A）累加器 A 的内容和寄存器 Ri 中的内容执行逻辑异或操作。结果存在累加器 A 中

　　XRL　A，@Rj　　　　　；（A）⊕（Rj）→（A）累加器 A 的内容和工作寄存器 Rj 指向的地址单元中的内容执行逻辑异或操作。结果存在累加器 A 中

　　XRL　direct，#data　　　；（direct）⊕ data→（direct）直接地址单元中的内容和立即数执行逻辑异或操作。结果存在直接地址单元中

　　XRL　direct，A　　　　；（direct）⊕（A）→（direct）直接地址单元中的内容和累加器 A 的内容执行逻辑异或操作。结果存在直接地址单元中

　　例如：若（A）=90H，（R3）=73H，执行指令：

　　XRL　A，R3

则：（A）=0E3H。

　　4. 循环移位指令

　　这 4 条指令的作用是将累加器中的内容循环左或右移一位，后两条指令是连同进位位 CY 一起移位。

　　RL　A　　　　；累加器 A 中的内容左移一位

　　RR　A　　　　；累加器 A 中的内容右移一位

　　RLC　A　　　　；累加器 A 中的内容连同进位位 CY 左移一位

　　RRC　A　　　　；累加器 A 中的内容连同进位位 CY 右移一位

　　5. 求反指令

　　这条指令将累加器中的内容按位取反。

　　CPL　A　　　　；累加器中的内容按位取反

　　6. 清零指令

　　这条指令将累加器中的内容清 0。

　　CLR　A　　　；0→（A），累加器中的内容清 0

3.3.4　位操作类指令

　　MCS-51 单片机内部有一个布尔处理机，对位地址空间具有丰富的位操作指令。

　　1. 位传送指令

　　这 2 条指令的功能是把由源操作数指出的布尔变量送到目的操作数指定的位中去。其中一个操作数必须为进位标志，另一个可以是任何直接寻址位。

　　MOV　C，bit　　　；bit→CY，某位数据送 CY

　　MOV　bit，C　　　；CY→bit，CY 数据送某位

本组指令不影响其他寄存器和标志位。

　　例如：若（20H）=35H，执行指令：

MOV　C，06H。

进位标志位 CY 的值为 0。由于本条指令是条位操作类指令，实际上是将位地址为 06H（即 20H.6）的值送进位标志位，所以执行完本条指令后进位标志位为 0。

2. 位变量修改指令

这些指令对 CY 及可寻址位进行置位或复位操作。

CLR　C　　　　　；0→CY，复位 CY

CLR　bit　　　　；0→bit，复位某一位

SETB　C　　　　 ；1→CY，置位 CY

SETB　bit　　　　；1→bit，置位某一位。

本组指令不影响其他标志。

例如：若（24H）=75H，执行指令：

CLR　26H

则：（24H）=35H。

3. 位变量逻辑指令

位运算都是逻辑运算，有与、或、非三种指令。

ANL　C，bit　　　；（CY）∧（bit）→CY 如果源操作数的布尔值是逻辑 0，则复位进位标志，否则进位标志保持不变

ANL　C，/bit　　　；（CY）∧（$\overline{bit}$）→CY 如果源操作数的布尔值是逻辑 1，则复位进位标志，否则进位标志保持不变

ORL　C，bit　　　；（CY）∨（bit）→CY 如果源操作数的布尔值为 1，则置位进位标志，否则进位标志 CY 保持原来状态

ORL　C，/bit　　　；（CY）∧（$\overline{bit}$）→CY 如果源操作数的布尔值为 0，则置位进位标志，否则进位标志 CY 保持原来状态

CPL　C　　　　　；（$\overline{CY}$）　→CY 进位标志位 CY 取反作为新的 CY

CPL　bit　　　　　；（$\overline{bit}$）→bit 某一位的值取反作为新的值

例如：若 P1 口为输出口，则执行下列指令：

MOV　C，00H　　　　　　；CY←（20H.0）

ORL　C，01H　　　　　　；CY←（CY）∨（20H.1）

ORL　C，02H　　　　　　；CY←（CY）∨（20H.2）

ORL　C，03H　　　　　　；CY←（CY）∨（20H.3）

ORL　C，04H　　　　　　；CY←（CY）∨（20H.4）

ORL　C，05H　　　　　　；CY←（CY）∨（20H.5）

ORL　C，06H　　　　　　；CY←（CY）∨（20H.6）

ORL　C，07H　　　　　　；CY←（CY）∨（20H.7）

MOV　P1.0，C　　　　　 ；P1.0←CY

内部 RAM 的 20 单元中只要有一位为 1，则 P1.0 输出就为 1。

4. 位变量条件转移指令

位变量条件转移指令是以位的状态作为实现程序转移的判断条件。

JC rel	；（CY）=1 转移，（PC）+2+rel→PC，否则程序往下执行，（PC）+2→PC
JNC rel	；（CY）=0 转移，（PC）+2+rel→PC，否则程序往下执行，（PC）+2→PC
JB bit，rel	；位状态为 1 转移
JNB bit，rel	；位状态为 0 转移
JBC bit，rel	；位状态为 1 转移，并使该位清"0"

3.3.5 控制转移指令

一般情况下指令是顺序执行的逐条执行的，但实际上程序不可能全部顺序执行而经常需要改变程序的执行流程，下面介绍的控制转移指令就是用来控制程序的执行流程的。

1. 无条件转移指令

这组指令执行完后，程序就会无条件转移到指令所指向的地址上去。长转移指令访问的程序存储器空间为 16 地址 64KB，绝对转移指令访问的程序存储器空间为 11 位地址 2KB空间。

LJMP addr16   ；addr16→（PC），将 16 位地址作为程序计数器的新值

AJMP addr11   ；（PC）+2→（PC），addr11→（PC10～0）将 11 位地址作为程序计数器的新值的低 11 位，高 5 位（PC15-11）不改变

SJMP rel   ；（PC）+ 2 + rel→（PC）将当前程序计数器先加上 2 再加上偏移量作为程序计数器的新值

JMP   @A+DPTR ；（A）+（DPTR）→（PC），累加器所指向地址单元的值加上数据指针的值作为程序计数器的新值

例：如果累加器 A 中存放待处理命令编号（0～7），程序存储器中存放着标号为 PMTB 的转移表首址，则执行下面的程序，将根据 A 中命令编号转向相应的命令处理程序。

```
PM:    MOV   R1, A           ;（A）*3→（A）
       RL    A
       ADD   A, R1
       MOV   DPTR, #PMTB      ; 转移表首址→DPTR
       JMP   @A+DPTR          ; 据 A 值跳转到不同入口
PMTB:  LJMP  PM0              ; 转向命令 0 处理入口
       LJMP  PM1              ; 转向命令 1 处理入口
       LJMP  PM2              ; 转向命令 2 处理入口
       LJMP  PM3              ; 转向命令 3 处理入口
       LJMP  PM4              ; 转向命令 4 处理入口
       LJMP  PM5              ; 转向命令 5 处理入口
       LJMP  PM6              ; 转向命令 6 处理入口
       LJMP  PM7              ; 转向命令 7 处理入口
```

2. 条件转移指令

条件转移指令是依某种特定条件转移的指令。条件满足时转移（相当于一条相对转移指令），条件不满足时则顺序执行下面的指令。目的地址在下一条指令的起始地址为中心的

256 个字节范围中（−128～+127）。当条件满足时，先把 PC 加到指向下一条指令的第一个字节地址，再把有符号的相对偏移量加到 PC 上，计算出转向地址。

JZ　rel　　　　；A=0，（PC）+2+rel→（PC），累加器中的内容为 0，则转移到偏移量所指向的地址，否则程序往下执行

JNZ　rel　　　；A≠0，（PC）+2+rel→（PC），累加器中的内容不为 0，则转移到偏移量所指向的地址，否则程序往下执行

3. 比较不相等转移指令

这组指令的功能是比较前面两个操作数的大小。如果它们的值不相等则转移。在 PC 加到下一条指令的起始地址后，通过把指令最后一个字节的有符号的相对偏移量加到 PC 上，并计算出转向地址。操作数有寄存器寻址、直接寻址、寄存器间接寻址和立即寻址等方式。

CJNE　A，direct，rel　　　；A≠（direct），（PC）+3+rel→（PC），累加器中的内容不等于直接地址单元的内容，则转移到偏移量所指向的地址，否则程序往下执行

CJNE　A，#data，rel　　　；A≠data，（PC）+3+rel→（PC），累加器中的内容不等于立即数，则转移到偏移量所指向的地址，否则程序往下执行

CJNE　Ri，#data，rel　　　；A≠data，（PC）+3+rel→（PC），工作寄存器 Ri 中的内容不等于立即数，则转移到偏移量所指向的地址，否则程序往下执行

CJNE　@Rj，#data，rel　　；A≠data，（PC）+3+rel→（PC），工作寄存器 Rj 指向地址单元中的内容不等于立即数，则转移到偏移量所指向的地址，否则程序往下执行。

如果第一个操作数（无符号整数）小于第二个操作数，则进位标志 CY 置位，否则 CY 复位。不影响任何一个操作数的内容。

4. 减 1 不为 0 转移指令

这组指令把源操作数减 1，结果回送到源操作数中去，如果结果不为 0 则转移，跳到标号 rel 处执行，等于 0 就执行下一条指令。源操作数有寄存器寻址和直接寻址方式。该指令通常用于实现循环计数。

DJNZ　Ri，rel　　　　　；（Ri）−1→（Ri），（Ri）≠0，（PC）+2+rel→（PC）工作寄存器 Ri 减 1 不等于 0，则转移到偏移量所指向的地址，否则程序往下执行

DJNZ　direct，rel　　　；（direct）−1→（direct），（direct）≠0，（PC）+2+rel→（PC）直接地址单元中的内容减 1 不等于 0，则转移到偏移量所指向的地址，否则程序往下执行。

例如：　有如下程序段：

```
START:  SETB  P1.1           ；P1.1←1
DL:     MOV   30H，#03H       ；30H←03H（置初值）
DL0:    MOV   31H，#0F0H      ；31H←F0H（置初值）
DL1:    DJNZ  31H，DL1        ；31H←（31H）−1，如（31H）不为零，执行
                               DL1，如（31H）为零，则执行后面的指令
        DJNZ  30H，DL0        ；30H←（30H）−1，如（30H）不为零，执行
                               DL0，如（30H）为零，则顺序执行
        CPL   P1.1           ；P1.1 求反
```

这是个延时程序段。通过延时，在 P1.1 输出一个方波，可以用改变 30H 和 31H 的初值，来改变延时时间实现改变方波的频率。

5. 子程序返回指令

编程时一般都把需要反复执行的一些程序编写成子程序，当需要用它们时，就用一个调用命令使程序按调用的地址去执行，这就需要子程序的调用指令和返回指令。

　　LCALL addr16　　；长调用指令，可在 64KB 空间调用子程序。此时（PC）+3→（PC），（SP）+1→（SP），（PC7-0）→（SP），（SP）+1→（SP），（PC15-8）→（SP），addr16→（PC），即分别从堆栈中弹出调用子程序时压入的返回地址

　　ACALL　addr11　　　；绝对调用指令，可在 2kB 空间调用子程序，此时（PC）+2→（PC），（SP）+1→（SP），（PC7-0）→（SP），（SP）+1→（SP），（PC15-8）→（SP），addr11→（PC10-0）

　　RET　　　　　　　　；子程序返回指令。此时（SP）→（PC15-8），（SP）-1→（SP），（SP）→（PC7-0），（SP）-1→（SP）RET 指令通常安排在子程序的末尾，使程序能从子程序返回到主程序

　　RETI　　　　　　　　；中断返回指令，除具有 RET 功能外，还具有恢复中断逻辑的功能，需注意的是，RETI 指令不能用 RET 代替

　　例如：若（SP）=62H，（62H）=07H，（61H）=30H，执行指令 RET 后，（SP）=60H，（PC）=0730H，CPU 从 0730H 开始执行程序。

6. 空操作指令

空操作也是 CPU 控制指令，它没有使程序转移的功能，一般用于软件延时。指令为：NOP。

3.4　汇编程序设计

　　学习了一种计算机及指令系统以后，便可开始编写简单的汇编语言程序。编程技巧应通过实践积累经验，并不断提高。本节中讨论汇编程序的设计方法，本节后面的各节都是汇编语言程序的示例，我们挑选了一些比较简单又十分典型的程序段，结合实践教学的环境，进行剖析。对各例子进行仔细的分析将有助于读者由单条指令过渡到联用，再到试编或剖析程序。学习后面各节的目的，首先是让读者深入理解指令，提高运用能力，更透彻地掌握单片机的使用方法，特别是 MCS-51 的性能和结构。然后在这基础上，初步熟悉汇编语言程序设计。学有余力的读者，可以广泛地参阅各种有关书籍、各种数据手册、编译器的使用手册或者在互联网上查阅相关资料，从而提高自身的编程能力。

3.4.1　汇编程序功能

　　汇编程序源程序是汇编指令的有序集合。汇编语言程序设计的基础是与其对应的汇编语言指令集、硬件组成、系统功能要求密切相关的。因此，要求设计者全面了解和掌握应用系统的硬件结构、指令结构、功能要求以及有关算法等，并尽可能以节省存储单元、缩短程序长度、选取合适指令三原则进行程序设计和编程。

　　汇编语言编写的程序不能由机器直接执行，而必须翻译成机器代码组成的目标程序，这个过程就称为汇编。在微型机中，在绝大多数情况下，汇编过程就是通过软件自动完成

的。首先用编辑程序产生汇编语言的源程序，源程序通过汇编程序翻译之后就成了二进制代码表示的目标文件。前面讲的指令系统中的每条指令都是构成源程序的基本语句。汇编语言指令和机器语言的指令之间有着一一对应的关系。

目标文件虽然已经是二进制文件，但它还不能直接运行，需要通过连接程序把目标文件和其他目标文件连接在一起形成可执行文件。这个文件才能在机器上运行。因此，要在计算机上运行汇编语言程序的步骤是：

（1）用编辑程序建立源文件 ASM；

（2）用汇编程序把 ASM 文件转换成 OBJ 文件；

（3）用连接程序 LINK 把 OBJ 文件转换成 EXE 文件；

（4）执行该程序。

3.4.2　汇编语言源程序的格式

汇编语言源程序有一定的书写格式。一般由左到右按序至少包括下列四项内容：

[名字]　操作　操作数　[；注释]

其中：名字项是指一个标号或变量。操作项是一个操作码的助记符，它可以是指令、伪指令或宏指令名。操作数项由一个或多个表达式组成，它提供为执行所要求的操作而需要的信息。操作数项可以是常数、寄存器、标号、变量或由表达式组成。注释项用来说明程序或语句的功能。"；"为识别注释项的开始。"；"也可以从一行的第一个字符开始，此时整行都是注释，常用来说明下面一段程序的功能。上面四项中带方括号的两项是可选项。各项之间必须用"空格"（Space）或"水平制表"（Tab）符隔开。

1. 名字项

源程序中用下列字符来表示名字：

字母 A～Z

数字 0～9

专用字符　？、·、@ 、-、 $

除数字外，所有字符都可以放在源语句的第一个位置。名字中如果用到，则它必须是第一个字符。可以用很多字符来说明名字，但只有前面的 31 个字符能被汇编程序所识别。

一般说来，名字项可以是标号或变量。它们都用来表示本语句的符号地址，都是可有可无的，只有当需要用符号地址来访问该语句时它才需要出现。

标号：标号在代码段中定义，后面跟着冒号（：），它也可以用 LABEL 或 EQU 伪操作来定义。此外，它还可以作为过程名定义，这将在以后的章节中加以说明。

变量：变量在数据段或附加数据段中定义，后面不跟冒号。它也可以用 LABEL 或 EQU 伪操作来定义。变量经常在操作数字段出现。

2. 操作项

操作项可以是指令、伪指令或宏指令的助记符。对于指令，汇编程序将其翻译为机器语言指令。对于伪指令，汇编程序将根据其所要求的功能进行处理。对于宏指令，则将根据其定义展开。宏指令在后面将会有专门论述。

3. 操作数项

操作数项由一个或多个表达式组成，多个操作数项之间一般用逗号分开。对于指令，操作数项一般给出操作数地址，它们可能有一个，或两个，或三个，或一个也没有。对于伪操作或宏指令，则给出它们所要求的参数。操作数项可以是常数、寄存器、标号、变量或由表达式组成。

　　4. 注释项

　　注释项用来说明一段程序、一条或几条指令的功能。对于汇编语言程序来说，注释项的作用是很明显的，它可以使程序容易被读懂，因此汇编语言程序必须写好注释。注释应该写出本条（或本段）指令在程序中的功能和作用，而不应该只写指令的动作。读者在有机会阅读程序例子时，应注意学习注释的写法，在编制程序时，更应学会写好注释。

3.4.3　汇编程序设计的步骤与方法

　　1. 汇编语言程序设计的基本步骤

　　对于一个单片机应用系统，在经过系统总体方案论证、硬件组成设计基本定型的基础上，即可着手应用软件的设计。一个完整的程序大致可以分为以下几个步骤：

　　（1）设计任务的分析、确定有关算法或思路

　　一个应用系统程序设计的第一步，必须根据总体方案所确定的功能要求、技术指标、硬件系统所提供的资源和工作环境等详细地分析、研究，有些还需要通过某些实验以获得实现某种功能或技术指标的第一手资料，或者相应的程序段。从而明确程序设计应承担的任务，实现需要达到的功能和技术指标等。

　　（2）程序总体设计

　　在上述的基础上，第二步应进行程序的总体设计，即从整体出发，确定程序结构、数据结构、数据类型、资源分配、参数计算等等，以及遵循应用要求勾画出程序执行的逻辑顺序。这部分的设计要求严密、细致、完整、正确和可靠。

　　在上述考虑的基础上，用图形的方法将总体设计的思路及程序流向完整地展现在平面图上，使程序的总体直观、一目了然，有利于审核、查找和修改。设计好的流程图，可以大大节省源程序的编辑、调试时间，保证源程序的质量和正确性。关于程序流程图的设计方法请参阅有关书籍。

　　（3）编写汇编程序

　　一个应用程序的设计，经过前述的两个步骤之后进入编程阶段。程序的编制应是根据总体设计的要求，按照流程图所设定的程序结构、算法和流向，选择合适的指令、顺序的编写程序。通常把这部分的工作称为编辑，所编写的程序成为应用系统的源程序。

　　编程要力求简练、层次清楚，同时有适当的注释。在单片机系统中，系统资源极其有限，所以编写代码时要尽量使程序所占用的存储空间少，同时也要求执行效率较高。不过很多时候这两个要求并不能同时满足，我们根据实际的需求确定一种较好的方案。编写汇编程序的时候还应当保证整个系统的正确可靠的运行，汇编语言不同于其他高级语言（比如说 C 语言），它要求编程者对系统结构、功能特点、指令集都有全面的理解，才能达到上述要求，顺利地完成程序的设计任务。

　　编制好的源程序，还必须经汇编成目标代码，在开发环境中经过严格的测试，才能付诸实际应用。

（4）源程序的汇编与调试

用汇编语言程序编写的源程序必须汇编成计算机能识别的机器语言目标代码才能在计算机上执行。汇编有手工汇编与自动汇编两种方式。汇编的过程实际上是将汇编指令逐条转换成对应的机器码。手工汇编即用手工方法逐条将汇编语言指令转换成对应的机器代码；自动汇编即利用 PC 等计算机通过汇编程序自动将汇编语言源程序转换成对应的机器码。较好的开发器都已充分利用了 PC 等计算机的丰富资源，大大地提高了汇编和调试手段，如提供了单步跟踪、断点调试等手段，有的编译器甚至可以虚拟出一个完整的单片机出来，这样就为开发人员调试程序提供非常便利的手段，极大地缩短了应用软件的开发周期。

以上所述的程序设计步骤仅仅为程序设计者建立一个完整的概念和过程。在实际的工作中应视应用软件的实际需求、程序量的大小和复杂程度等，选择合适的设计步骤和调试方法。

2．汇编语言程序设计方法

单片机汇编语言应用程序的设计方法可以说不拘一格，灵活多样。不仅与功能要求、规模、复杂程度有关，同时也与开发人员的经验和习惯相关。在实际的开发过程中一定要注意不断地总结经验、提高技巧。下面给出的一般的设计方法，仅供参考。

3．汇编语言源程序的基本结构

一个单片机汇编语言应用程序，无论其简单还是复杂，总是由简单程序、分支程序、循环程序、查表程序、子程序（包括中段服务程序）等结构化的程序段有机组合而成。这是程序设计的基础。

4．划分功能模块

对于一个功能单一的简单程序，一般按其功能要求及操作顺序，合理地选择上述结构化程序块，自始至终地由上而下一气呵成。

一个具有多种功能而较复杂的程序，则通常采用模块化设计方法。即按不同功能划分成若干功能相对独立程序模块，分别进行独立的设计和测试，最终装配成程序的整体，通过联调，完成程序的整体设计。

模块化程序设计方法具有明显优点，它把一个多功能的复杂程序划分成若干个简单的、单功能程序模块，有利于程序设计、调试、优化和分工，提高程序的正确性和可靠性，并使程序结构层次一目了然。但必须确切规定各程序模块之间的关系以及相互联系的方式和有关参数，在一个主程序的统一管理下连成一个完整的程序整体，这是目前采用较多的程序设计方法之一。本书中的例子也都采用了模块化程序的思想，在后面的实例部分读者将会看到。

5．自顶而下逐步求精

自顶而下逐步求精的程序设计方法是首先设计主干程序，将从属的或者子程序等用程序标志或过渡程序代替，在主干程序完成的前提下再逐个充实从属程序段或子程序，使程序的生成逐步展开，逐步深化、求精，最后完成程序的设计。

这种程序设计方法能使程序结构紧凑，流向层次清晰，调试方便。比较接近设计者的思维，设计效率高。缺点是上层的错误可能对下层产生严重影响，一处修改可能就会牵动全局，因此在设计中要尽量避免。

6．子程序方式

近年来采用子程序的汇编语言程序设计较为普遍。这种设计方法的主导思想是将应用系统的多个主要功能，或者一个大的功能划分为若干个子程序。主程序完成对系统的初始化、各功能模块的子程序的调用等。

这种程序设计方法同样结构紧凑、流向分明、调试方便，特别适合以下应用场合。例如过程控制系统，其每个过程都有相对独立的功能操作，每一个过程与后一个过程又有着密切的联系，过程之间按一定的顺序进行。调试时可按过程顺序逐个延伸，比较方便。但是不足之处就是，调用子程序可能要多占用些存储单元作为堆栈。

程序设计的实践性很强，只有通过实际的程序设计，才能不断地提高设计技巧和调试经验。由于 AT89S 系列单片机的指令系统完全兼容 MCS-51 系列单片机，其应用已十分广泛，成功的软件很多、很丰富。因此，可根据设计需要，寻找并参考合适的、现成的程序模块，特别是通用子程序，略加修改即可应用于自己的系统中。

3.4.4 伪指令

上面的指令都是使计算机进行一定操作的指令，而这些指令需要通过汇编程序和连接程序编译连接之后才能被计算机执行。汇编程序对用汇编语言写的源程序进行汇编时，还要提供一些汇编用的控制指令，例如要指定程序或数据存放的起始地址；要给一些连续存放的数据确定单元等等。但是，这些指令和上一章讲的指令不同，在汇编时并不产生目标代码，不影响程序的执行，所以称为伪指令。

伪指令在将汇编语言源程序汇编成目标程序时有用（有的书籍也称之为"汇编指令"），对阅读汇编语言源程序也有用。一些常用的伪指令还带有普遍性，可以通用于各种计算机；使用某种计算机时，可以查阅计算机中的使用手册。下面介绍 MCS-51 系列单片机常用的几种伪指令：

1. ORG 指令

ORG 指令的语法为：ORG　expression

这条指令用在一段源程序或数据块的前面，说明紧随在后面的程序段或数据块的起始地址。指令中的 16 位地址便是该起始地址值。该指令的使用示例如下：

ORG　　　100H

ORG　　　RESTART

ORG　　　EXIT1

ORG　　　（$ + 15）AND 0FFF0H

2. DATA 指令

DATA 指令的语法为：Symbol　DATA　address

这条指令用于分配一个地址（范围为 00H～0FFH）给某个特定的标识符。这个标识符不能被重定义。与 DATA 指令相近的还有 BIT、CODE、DSEG、IDATA、XDATA，它们的作用都是定义一个标识符，使用的方式也与 DATA 类似，只是它们分配的地址范围与 DATA 不一样，具体请参考相应的编译器手册。

DATA 指令的使用示例如下：

SERBUF　　　DATA　　　SBUF

PORT1　　　DATA　　　90h

RESULT　　　DATA　　　44h

3．DB 指令

DB 指令的语法为：[label：]　DB　　expression [，expression ...]

这条指令用于通知汇编程序用 expression 中的内容来初始化 label 开始的存储器单元。expression 可以是单个字节数字、用逗号分隔开的字节串或用双引号所指示的字符串。方括号表示括号中的内容是可选的。

值得注意的是，该指令以及下面将提到的 DW、DD、DS 指令都只能用来定义代码段或者常数段内的数据。在其他段中使用该指令将使汇编程序在汇编源程序时产生错误。

例：ORG　　9000H

DATA1：DB　　73H，01H，90H

DATA2：DB　　02H

伪指令 ORG　　9000H 指定了标号 DATA1 的地址为 9000H，伪指令 DB 指定了数据 73H、01H、90H 顺序地存放在从 9000H 开始的单元中，DATA2 也是一个标号，它的地址与前一条伪指令 DB 连续，为 9003H，因此数据的最终存放结果是：73H 存放在 9000H 中；01H 存放在 9001H 中；90H 存放在 9002H 中；02H 存放在 9003H 中。

4．DW/DD

DW 指令的语法为：[label：] DW　　expression [，expression ...]

用 DD 替换 DW 即为 DD 的语法，可以看出来着两条指令和 DB 比较相似，但是它们是分别用来定义一个字（两个字节）和一个双字（四个字节）。与 DB 一样，使用逗号分隔从而可以定义多个字或多个双字。低位字节放在低地址，高字节放在高地址。

该指令的使用示例为：

TABLE：　　DW　　　　TABLE，TABLE+10，HERE

HERE：　　DW　　　　0

CTAB：　　DW　　　　CASE0，CASE1，CASE2，CASE3

　　　　　　DW　　　　$

5．DS 指令

DS 指令的语法为：[label：]　DS　　expression

这条指令的作用是在待存放的一定数量的存储单元前面定义应保留的存储器单元数。说明自标号所在的地址起共有 expression 所指明的存储单元数保留着可供存入数据。

该指令的使用示例为：

GAP：　　　　DS　　　　（（$ + 15）AND 0FFF0h）－$　　；15-byte alignment

　　　　　　　DS　　　　10

TIME：　　　DS　　　　8

6．EQU 指令

EQU 指令的语法为：标号　EQU　　操作数

EQU　伪指令的功能是将操作数赋值于标号，使两边的两个量等值。

例：AREA EQU　　1000H

即给标号 AREA 赋值为 1000H。

例：STK　　EQU　　　AREA

即相当于 STK=AREA。若 AREA 已赋值为 1000H，则 STK 也为 1000H。

使用 EQU 伪指令给一个标号赋值后，这个标号在整个源程序中的值是固定的。也就是说在一个源程序中，任何一个标号只能赋值一次。

7. END 指令

END 指令的语法为：END

这条指令用在源程序的最后，表明源程序文件的结束，END 指令后的指令将不会被汇编程序处理。在汇编源文件中这条指令是必须的并且应当是原文件的最后一条指令。若没有 END 指令，在汇编程序编译该源文件时将产生一个错误。

3.4.5　汇编程序设计

1. 简单程序设计

简单程序又称顺序程序。这种程序的形式最简单，计算机执行程序的方式是"从头到尾"，逐条执行指令语句，直到程序结束，除非用特殊指令让它跳转，不然它会在 PC 控制下执行。这是程序的最基本形式，任何程序都离不开这种形式。

例 1：编写 1+2 的程序。

解：首先用 ADD A，Rn 指令，该指令是将寄存器 Rn 中的数与累加器 A 中的数相加，结果存于 A 中，这就要求先将 1 和 2 分别送到 A 中和寄存器 Rn 中，而 Rn 有四组，每组有八个单元 R0～R7，首先要知道 Rn 在哪组，默认值（不设定值）是第 0 组，在同一个程序中，同组中的 Rn 不能重复使用，不然会数据出错，唯独 A 可反复使用，不出问题。明确了这些后，可写出程序如下：

```
ORG   0000H        ;定下面这段程序在存储器中的首地址，必不可少的
MOV   R2, #02      ;2 送 R2
MOV   A, #01       ;1 送 A
ADD   A, R2        ;相加，结果 3 存 A 中
END               ;程序结束标志，是必不可少的
```

程序到此编写完成，然后在仿真软件中调试、验证，若不对，反复修改程序，直到完全正确为止。

该程序若用 ADD　A，direct 指令编程时，可写出如下程序：

```
ORG   0000H
MOV   30H, #02
MOV   A, #01
ADD   A, 30H
END
```

该程序若用 ADD　A，@Ri 指令编程时，可写出如下程序（假设（(R0)）=02H）：

```
ORG   0000H
MOV   A, #01
ADD   A, @R0
END
```

注意间接寻址方式的用法，Ri（i=0, 1）即 Ri 只有 R0 和 R1。

该程序若用 ADD　A，#data 指令编程时，可写出如下程序：

ORG　0000H

MOV　A，#01

ADD　A，#02

END

从以上例子可见，同一个程序有多种编写方法，思路不同编出来的程序也不同，但结果都一样，但我们认为最后一个程序较好。以上加法程序是最简单的形式，加法有多种：无进位加法、有进位加法、有符号加法、无符号加法，还有浮点数的加法、单字节加法、双字节加法、多字节加法等等。一般编写程序时，编成通用的程序。在调用通用程序之前，先判断是哪一种类型，再调相应的子程序。如以上 1+2 的程序，也可以这样写，先将加数和被加数分别送入 40H、41H 单元，加完后和送入 42H 单元。它的完整程序是：

```
            ORG     0000H
            MOV     40H，#01H
            MOV     41H，#02H
AD1：       MOV     R0，#40H     ；设 R0 为数据指针
            MOV     A，@R0       ；取 N1
            INC     R0          ；修改指针
            ADD     A，@R0       ；N1+N2
            INC     R0
            MOV     @R0，A       ；存结果
            END
```

此程序也用子程序调用的方法写。将加的这一部分写成通用程序：

使用这个程序之前，先将加数、被加数送入 40H、41H 单元，完整的程序如下：

```
            ORG     0000H
            MOV     40H，#01H
            MOV     41H，#02H
            ACALL   AD1
AD1：       MOV     R0，#40H     ；设 R0 为数据指针
            MOV     A，@R0       ；取 N1
            INC     R0          ；修改指针
            ADD     A，@R0       ；N1+N2
            INC     R0
            MOV     @R0，A       ；存结果
            RET
            END
```

标号 AD1 到 RET 的这段程序就为子程序。送入 40H、41H 单元的数，叫入口参数。送入 42H 单元的数称为出口参数。

2. 分支程序设计

在处理实际事务中，只用简单程序设计的方法是不够的。因为大部分程序总包含有判

断、比较等情况，这就需要分支程序。分支程序是利用条件转移指令，使程序执行到某一指令后，根据条件（即上面运行的情况）是否满足，来改变程序执行的持续。下面举两个分支程序的例子。

例 2：求单字节有符号二进制数的补码。

正数补码是其本身，负数的补码是其反码加 1。因此，程序首先判断被转换数的符号，负数进行转换，正数即为补码。设二进制数放在累加器 A 中，其补码放回到 A 中。

程序为：

```
        ORG     0000H
CMPT:   JNB     ACC.7，  NCH        ；（A）>0，不需转换
        CPL     A
        ADD     A，#1
        SETB    ACC.7                ；保存符号
  NCH： RET
        END
```

例 3：比较两个无符号数的大小。设两个连续外部 RAM 单元 ST1 和 ST2 中存放不带符号的二进制数，找出其中的大数存入 ST3 单元中。

程序如下：

```
        ORG   8000H
        ST1 EQU   8040H
START1: CLR     C                ；进位位清零
        MOV     DPTR，#ST1        ；设数据指针
        MOVX    A，@DPTR          ；取第一数
        MOV     R2，A             ；暂存 R2
        INC     DPTR
        MOVX    A，@DTPR          ；取第二个数
        SUBB    A，R2             ；两数比较
        JNC     BIG1
        XCH     A，R2             ；第一数大
BIG0:   INC     DPTR
        MOVX    @DPTR，A          ；存大数
        SJMP    $
BIG1:   MOVX    A，@DPTR          ；第二数大
        SJMP    BIG0
        END
```

上面程序中，用减法指令 SUBB 来比较两数的大小。由于这是一条带借位的减法指令，在执行该指令前，先把进位位清零。用减法指令通过借位（CY）的状态判两数的大小，是两个无符号数比较大小时常用的方法。设两数 X、Y，当 X≥Y 时，用 X−Y 结果无借位（CY）产生，反之借位为 1，表示 X<Y。用减法指令比较大小，会破坏累加器中的内容，故作减法前先保存累加器中的内容。执行 JNC 指令后，形成了分支。执行 SJMP 指令后，实现程

序的转移。

分支程序在实际使用中用处很大，除了用于比较数的大小之外，还常用于控制子程序的转移。

3. 循环程序设计

在程序设计中，只有简单程序和分支程序是不够的。因为简单程序，每条指令只执行一次，而分支程序则根据条件的不同，会跳过一些指令，执行另一些指令。它们的特点是，每一条指令至多执行一次。在处理实际事务时，有时会遇到多次重复处理的问题，这就需要下面讲的循环程序来完成。循环程序是强制CPU重复执行某一指令系列（程序段）的一种程序结构形式，凡是要重复执行的程序段都可以按循环结构设计。

循环程序一般由五部分组成：

（1）初始化部分：为循环程序做准备。如：设置循环次数计数器的初值，地址指针置初值，为循环变量赋初值等。

（2）处理部分：为反复执行的程序段，是循环程序的实体。

（3）修改部分：每执行一次循环体后，对指针作一次修改，使指针指向下一数据所在位置，为进入下一轮处理做准备。

（4）控制部分：根据循环次数计数器的状态或循环条件，检查循环是否能继续进行，若循环次数到或循环条件不满足，应控制退出循环，否则继续循环。

通常（2）、（3）、（4）部分又称为循环体。

（5）结束部分：分析及存放执行结果。

循环程序的结构一般有两种形式：

（1）先进入处理部分，再控制循环。即至少执行一次循环体。如图3-1（a）所示。

（2）先控制循环，后进入处理部分。即先根据判断结果，控制循环的执行与否，有时可以不进入循环体就退出循环程序。如图3-1（b）所示。

循环结构的程序，不论是先处理后判断，还是先判断后处理，其关键是控制循环的次数。根据需要解决问题的实际情况，对循环次数的控制有多种，循环次数已知的，用计数器来控制循环，循环次数未知的，可以按条件控制循环，也可以用逻辑尺控制循环。

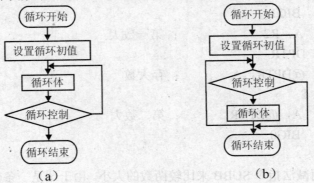

图 3-1　循环程序的结构

例 4：工作单元清零程序设计。在程序设计时，有时需要将存储器中的部分地址作为工作单元，存放程序执行的中间值和结果，此时常需要对这些工作单元清零。

如：将 40H 为起点的 8 个单元清 "0"。

```
          ORG    0000H
CLEAR:  CLR    A              ；A 清 0
          MOV    R0，#40H      ；确定清 0 单元起始地址
          MOV    R7，#08       ；确定要清除的单元个数
LOOP：   MOV    @R0，A        ；清单元
          INC    R0            ；指向下一个单元
          DJNZ   R7，LOOP      ；控制循环
          END
```

此程序的前 2～4 句为设定循环初值，4～7 句为循环体。

以上是内部 RAM 单元清零，也可清外部 RAM 单元。

例如：设有 50 个外部 RAM 单元要清 "0"，即为循环次数存放在 R2 寄存器中，其首地址存放在 DPTR 中，设为 2000H。

程序如下：

```
          ORG    0000H
          MOV    DPTR，#2000H
CLEAR：  CLR    A
          MOV    R2，#32H      ；置计数值
LOOP：   MOVX   @DPTR，A
          INC    DPTR          ；修改地址指针
          DJNZ   R2，LOOP      ；控制循环
          END
```

本例中循环次数是已知，用 R2 作循环次数计数器。用 DJNZ 指令修改计数器值，并控制循环的结束与否。

此程序也可写成通用子程序形式：

```
CLEAR：  CLR     A
LOOP：   MOVX    @DPTR，A
          INC     DPTR          ；修改地址指针
          DJNZ    R2，LOOP      ；控制循环
          RET
```

使用时只要给定入口参数及被清零单元个数，调用此子程序就行：

```
          ORG    0000H
          MOV    DPTR，#2000H
          MOV    R2，#50
          ACALL  CLEAR
          SJMP $
CLEAR：  CLR     A
LOOP：   MOVX    @DPTR，A
          INC     DPTR          ；修改地址指针
```

```
        DJNZ    R2，LOOP            ；控制循环
        RET
        END
```

入口参数是由实际需要而定，若要清 4000H 为起点的 100 个单元，只要改动前面两句就行。

例 5：多个单字节数据求和程序设计。已知有 n 个单字节数据，依次存放在内部 RAM40H 单元开始的连续单元中。要求把计算结果存入 R2 和 R3 中（高位存 R2，低位存 R3）。

程序如下：

```
        ORG     8000H
SAD：   MOV     R0，#40H            ；设数据指针
        MOV     R5，#NUN            ；计数值 0AH→R5
SAD1：  MOV     R2，#0              ；和的高 8 位清零
        MOV     R3，#0              ；和的低 8 位清零
LOOP：  MOV     A，R3               ；取加数。
        ADD     A，@R0
        MOV     R3，A               ；存和的低 8 位
        JNC     LOP1
        INC     R2                 ；有进位，和的高 8 位加 1
LOP1：  INC     R0                 ；指向下一数据地址
        DJNZ    R5，LOOP
        RET
NUN     EQU     0AH
        END
```

上述程序中，用 R0 作间址寄存器，每作一次加法，R0 加 1，数据指针指向下一数据地址，R5 为循环次数计数器，控制循环的次数。

（2）循环次数未知的循环程序。以上介绍的几个循环程序例子，它们的循环次数都是已知的，适合用计数器置初值的方法。而有些循环程序事先不知道循环次数。不能用以上方法。这时需要根据判断循环条件的成立与否，或用建立标志的方法，控制循环程序的结果。

如果在一个循环体中又包含了其他的循环程序，即循环中还套着循环，这种程序称为多重循环程序。

例 6：冒泡程序设计。设有 N 个数，它们依次存于 LIST 地址开始的存储区域中，将 N 个数比较大小后，使它们按由小到大（或由大到小）的次序排列，存放在原存储区域中。

编制该程序的方法：依次将相邻两个单元的内容作比较，即第一个数和第二个数比较，第二个数和第三个数比较……如果符合从小到大的顺序则不改变它们在内存中的位置，否则交换它们之间的位置。如此反复比较，直至数列排序完成为止。

由于在比较过程中将小数（或大数）向上冒，因此这种算法称为"冒泡法"或称排序法，它是通过一轮一轮的比较，第一轮经过 N 次两两比较后，得到一个最大数。第二轮经过 N－1 次两两比较后，得到次大数……

每轮比较后得到本轮最大数（或最小数），该数就不再参加下一轮的两两比较，故进入

下一轮时，两两比较次数减 1。为了加快数据排序速度，程序中设置一个标志位，只要在比较过程中两数之间没有发生过交换，就表示数列已按大小顺序排列了。可以结束比较。

设数列首地址在 R0 寄存器中，R2 为外循环次数计数器，R3 为内循环次数计数器，R1 为交换标志。

程序如下：

```
              ORG        8000H
              MOV        R2，#CNT-1        ；数列个数－1
LOOP1：MOV         A，R2             ；外循环计数值
              MOV        R3，A            ；内循环计数值
              MOV        R1，#01          ；交换标志置－1
LOOP2：MOV         A，@R0            ；取数据
              MOV        B，A             ；暂存 B
              INC        R0
              CLR        C
              SUBB       A，@R0           ；两数比较
              JC         LESS            ；Xi＜XI+1 转 LESS
              MOV        A，B             ；取大数
              XCH        A，@R0           ；两数交换位置
              DEC        R0
              MOV        @R0，A
              INC        R0              ；恢复数据指针
              MOV        R1，#02          ；置交换标志为 2
LESS：  DJNZ        R3，LOOP2        ；内循环计数减 1，判一遍查完
              DJNZ       R2，LOOP3        ；外循环计数减 1，判排序结束
STOP：  RET
LOOP3：DJNZ        R1，LOOP1        ；发生交换转移
              SJMP       STOP
              ORG        50H             ；（内部 RAM）
LIST：  DB          0，13，3，90，27，32，11
ONT：   EQU         07H
              END
```

【本章小结】

本章主要学习单片机的寻址方式和指令系统。寻址方式是本章的一个难点，也是一个重点，应该重点掌握。单片机的指令主要包括五大类指令，还包括一些伪指令。使用单片机汇编指令具有较高的效率，具有较大的应用价值。单片机的指令虽然很多，但是重点还是要掌握常用的指令。

3.5　习题

1. MCS-51 系列单片机的寻址方式有哪几种？请分析各种寻址方式的访问对象与寻址范围。

2. 要访问片内 RAM，可有哪几种寻址方式？要访问片外 RAM，有哪几种寻址方式？要访问 ROM，又有哪几种寻址方式？

3. 请判断下列各条指令的书写格式是否有错，如有错说明原因。

（1）MOV　　28H，@R2

（2）MOV　　F0，C

（3）CLR　　R0

（4）MUL　　R0R1

（5）MOVC　@A+DPTRA

（6）JZ　　　A，LOOP

4. 已知程序执行前有（A）=02H，（SP）=42H，（41H）=FFH，（42H）=3FH。下述程序执行后，（A）=_____，（SP）=_____，（51H）=_____，（52H）=_____。

```
POP    DPH
POP    DPL
RL     A
MOV    B, A
MOVC   A, @A+DPTR
PUSH   A
MOV    A, B
INC    A
MOVC   A, @A+DPTR
PUSH   A
RET
ORG    4000H
DB     10H, 80H, 30H, 50H, 30H, 50H
```

5. 已知（R0）=20H，（20H）=10H，（P0）=30H，（R2）=20H，执行如下程序段后，（40H）=_____。

```
MOV  @R0, #10H
MOV  A, R2
SETB C
ADDC A, 20H
MOV  PSW, #80H
SUBB A, P0
XRL  A, #67H
MOV  40H, A
```

6. 假定（A）=83H,（R0）=27H,（27H）=34H, 执行以下指令后, A 的内容为_____。

    ANL   A, #27H

    ORL   27H A

    XRL   A, @R0

    CPL   A

7. 若 SP=40H, 标号 LABEL 所在的地址为 3456H。LCALL 指令的地址为 2000H, 执行指令如下：2000H   LCALL LABEL

（1）堆栈指针 SP 和堆栈内容发生了什么变化？

（2）PC 的值等于什么？

（3）如果将指令 LCALL 直接换成 ACALL, 是否可以？

（4）如果换成 ACALL 指令, 可调用的地址范围是什么？

第 4 章　AT89S52 单片机中断系统

【教学目的】

在单片机系统中，中断是一个很重要的概念。本章主要学习 AT89S52 单片机的中断系统，理解中断的原理和过程，并能够正确地使用中断。

【教学要求】

本章要求理解中断的基本概念，掌握 AT89S52 单片机中断系统的结构，中断寄存器的设置和中断响应过程，能够编写简单的中断服务程序。

【重点难点】

本章重点是掌握中断技术和中断系统中断处理的全过程，熟悉中断请求、中断响应、中断服务的应用。难点是单片机中断系统的结构和中断寄存器的设置，中断服务程序的编写。

【知识要点】

本章的重要知识点有中断的基本概念、中断源和中断标志、中断允许控制、中断优先级控制、中断响应的过程、中断允许寄存器 IE、中断优先级寄存器 IP、TCON 和 SCON 寄存器有关中断的作用和设置。

4.1　中断的基本概念

AT89S52 单片机与外设之间的数据传输有以下三种方式：程序方式、中断方式、DMA 方式。其中程序方式又分为无条件传送方式和条件传送方式两种方式。无条件传送方式通常用于简单外设，如 LED 显示器的控制。条件传送方式用于外设较少的情形，接口简单，但 CPU 效率低。在实时系统以及多个外设的系统中，采用中断传送方式。这种方式 CPU 利用率高，速度快。对于高速外设（如磁盘、高速 A/D），中断方式仍不能满足数据传输速度的要求，需要采用 DMA 方式。在 DMA 方式中，外设接口直接与内存进行高速的数据传送，而不必经过 CPU。

中断技术在实时多任务系统中，具有广泛的应用空间。中断技术实质上是一种资源共享技术，它允许多个任务共享相同的计算机资源，包括 CPU、总线和存储器等。中断概念的出现，是计算机系统结构设计中的重大变革。

4.1.1　什么是中断

在讲中断之前，我们首先看一个生活中的现象。假设我们现在正在书房看书，这个时候有人敲门，于是我们起来去开门，接待来访的客人。等我们处理完这件事情后，又回到书房继续看书。这是我们生活中的"中断"现象，也就是说，在中断过程中，我们正常的工作过程被外部发生的事件打断了。

当 CPU 正在处理某项事务的时候，程序执行过程中，允许外部或内部事件通过硬件打断程序的执行，使其转向为处理外部或内部事件的中断服务程序中去。完成中断服务程序后，CPU 继续原来被打断的程序，这样的过程称为中断响应过程。

4.1.2　中断的基本过程

研究我们生活中的中断，对于我们学习计算机的中断也很有好处，实际上计算机中的中断和我们生活中的中断有着相同的原理和过程。我们先看看中断的几个基本概念。

1. 什么可以引起中断

生活中很多事件可以引起中断：有人按了门铃，电话铃响了，家里的闹钟响了，正在烧的水开了……诸如此类的事件，它们有一个共同的特点：打断了正常执行的程序。

在单片机系统中，我们把产生中断的请求源称为中断源，它是指引起中断发生的事件、设备、部件。中断源可以是外部设备，如打印机、键盘、鼠标等，它们与计算机进行输入/输出数据交换时需向 CPU 发出中断请求。当计算机用于实时控制时，被控的对象如电压、电流、湿度、压力、流量和流速等超越上限或下限，开关或继电器的闭合、断开等都可以作为中断源来产生中断请求；当计算机发生掉电、计算溢出、除零等故障时，这些故障源也可用作中断源。

2. 中断的嵌套与优先级处理

假设存在这样一种现象：我们正在看书，电话铃响了，同时又有人按了门铃，我们该先做那样呢？如果你正在等一个很重要的电话，你一般不会去理会门铃的。而反之，你正在等一个重要的客人，则可能就不会去理会电话了。这个时候，我们处理外部事情就有一个先后顺序，这个先后顺序就是中断的优先级。如果这个时候，外部没有这两种事情发生（即不等电话，也不是等人上门），我们就会按照正常的习惯去处理事情，这里存在一个优先级的问题。

优先级的问题不仅仅发生在两个中断同时产生的情况，也发生在一个中断正在处理，又有一个中断发生的情况。比如你正接电话，有人按门铃的情况；或你正开门与人交谈，又有电话响了的情况，这就是中断的嵌套。如果此时的中断是允许嵌套的，则计算机正在执行一个中断服务程序时，又发生了另一个优先级比它高的中断源请求，此时计算机就会停止执行原来的中断服务子程序，转而去处理优先级更高的中断请求，待处理完后再转回来执行原来的低级中断服务程序，这个过程就是计算机中的中断嵌套。

一般计算机系统允许有多个中断源，当几个中断源同时向 CPU 发出中断请求，希望占用系统资源，而计算机只能响应若干中断源中的一个中断请求时，最终究竟响应哪一个中断请求源？一般情况下 CPU 会优先处理最紧急的中断请求，计算机必须根据中断源的轻重缓急进行排队，这就必须给每个中断源的中断请求赋予一个中断优先级，以反映每个中断源的中断请求响应的优先程度。单片机系统通常有多个中断源，经常会出现多个中断源同时申请中断的情况。但是 CPU 在每一个时刻，只能执行一个中断，此时，CPU 将会根据中断源的重要程度执行中断。程序开发人员在程序设计的过程中需要根据任务的重要顺序安排一个中断响应的优先顺序，中断源的这种优先顺序常被称为中断优先级别，通常最重要的任务或者事件的级别最高，然后依次降级排列。

当多个中断源同时申请中断时，CPU 会首先响应优先级最高的中断请求，在优先级最高的中断处理完成之后，再响应级别较低的中断。当 CPU 正在处理某个中断时，若出现了更高级的新的中断请求，CPU 应能停止正在进行的中断处理，转去处理更高优先级的中断。这种挂起正在处理的中断而转去响应更高级别的中断称中断嵌套。如果新的中断请求是相同级别的或更低级别的，则 CPU 不予理睬，直到正在执行的中断服务程序运行完毕后才去响应新的中断请求。中断嵌套如图 4-1 所示。

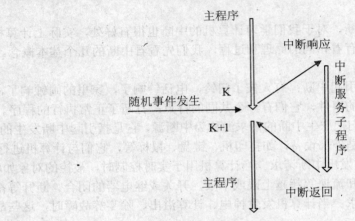

图 4-1　中断嵌套示意图

3．中断的响应过程

当有外部事件产生，打断了正常的程序，就会进入中断。我们继续看我们生活中的例子。我们在看书的时候产生中断，在进入中断之前我们通常会记住现在正在看书的页码，或者我们会把我们看到的页折叠起来，或拿一个书签放在相应位置，然后去处理不同的事情（因为处理完了，我们还要回来继续看书）。如果这个时候电话铃响了我们要到放电话的地方去，如果门铃响我们要到门那边去。这表明，不同的中断，我们要在不同的地点处理，而这个地点通常是固定的。计算机中也是采用的这种方法，每个中断产生后都到一个固定的地方去找处理这个中断的程序。如图 4-1 所示，假设当前中断服务程序执行的地址为 K，那么中断执行前首先要保存下面将执行的指令的地址，这里的地址为 K＋1（注意，这里始终是下一条指令的地址，也就是我们要记住的地址是现在已经看过页的下面页），以便处理完中断后回到原来的地方继续往下执行程序。

具体地说，中断响应可以分为以下几个步骤进行。

（1）保护断点。保存下一条将要执行的指令的地址，就是把这个地址送入堆栈。

（2）寻找中断入口。中断入口地址又称为中断矢量。根据 8 个不同的中断源所产生的中断，查找相应中断服务程序的入口地址，这个时候计算机的程序计数器 PC 就指向中断服务程序所在的地址。以上工作是由计算机自动完成的，与程序的设计无关。在这 8 个入口地址处存放有中断处理程序（这是程序编写时放在那儿的，如果没把中断程序放在那儿，就错了，中断程序就不能被执行到）。

（3）执行中断处理程序。这个时候程序计数器 PC 就逐条执行中断服务程序，直到程序执行完成为止。

（4）中断返回。执行完中断指令后，需要把原来保存在堆栈里面的地址返回来，这个时候程序计数器 PC 就重新指向原来的主程序，继续执行原来的程序。

正是由于中断机制，单片机才能有条不紊地"同时"完成多个任务，中断机制实质上帮助我们提高并发"处理"的能力。它也能给计算机系统带来同样的好处：如在键盘按下的时候会得到一个中断信号，CPU 就不必死守着等待键盘输入了；如果硬盘读写完成后发送一个中断信号，CPU 就可以集中进行任务的调用了——无论是我们键盘输入的速度，还是读写存储介质的磁头，跟 CPU 的处理速度相比，都太慢了。没有中断机制，我们只能按照正常的顺序完成我们的任务，就不会具备并行处理能力。

跟人相似，CPU 也一样要面对纷繁复杂的局面——现实中的意外是无处不在的——有可能是用户等得不耐烦，猛敲键盘；有可能是运算中碰到了 0 作除数；还有可能网卡突然接收到了一个新的数据包。这些都需要 CPU 具体情况具体分析，要么马上处理，要么暂缓响应，要么置之不理。无论如何应对，都需要 CPU 暂停"手头"的工作，拿出一种对策，只有在响应之后，方能回头完成先前的使命，"把一本书彻底读完！"

4.1.3　AT89S52 单片机中断系统

AT89S52 单片机的中断系统共有 8 个中断源，6 个中断矢量，两级中断优先级，可实现两级中断服务程序嵌套，通过软件来屏蔽或允许相应的中断请求。每一个中断源可以编程为高优先级中断或低优先级中断，允许或禁止向 CPU 申请中断。中断系统的特殊功能寄存器有中断允许寄存器 IE、中断优先级寄存器 IP 等。

图 4-2 为 AT89S52 单片机的中断系统结构示意图。AT89S52 有两个外部中断源 INT0、INT1，每一个中断源对应一个中断矢量；串口通信有接收和发送两个中断源，经过一个或门，公用同一个中断矢量；定时器/计数器 0、定时器/计数器 1 的溢出中断源对应两个中断矢量；定时/计数器 2 有计数溢出和捕获两种中断源，经或门共用一个中断矢量。

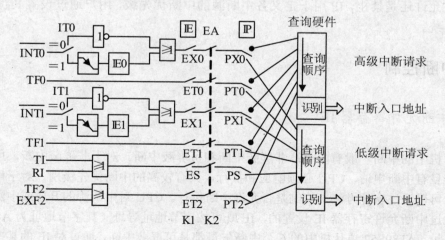

图 4-2　中断系统结构示意图

（1）$\overline{\text{INT 0}}$ 来自 P3.2 引脚上的外部中断请求（外部中断 0），低电平或下降沿（从高到低）有效，通过设置 IT0 的值可将外部中断 0 设置为低电平触发或下降沿触发，IT0＝0 时，

$\overline{INT0}$ 为电平触发方式，当引脚 $\overline{INT0}$ 上出现低电平时就向 CPU 申请中断；IT0＝1 时，$\overline{INT0}$ 为跳变触发方式，当 $\overline{INT0}$ 引脚上出现负跳变时，置位 TCON.1 的 IE0 中断请求标志位，向 CPU 申请中断。CPU 在每个机器周期的 S5P2 状态采样 IE0 标志位，当条件满足，则响应中断请求。

（2）$\overline{INT1}$ 来自 P3.3 引脚上的外部中断请求（外部中断 1），低电平或下降沿有效。其功能与操作同 $\overline{INT0}$。

（3）T0 片内定时器/计数器 0 溢出（TF0）中断请求。定时/计数器 0 无论内部定时或对外部事件 T0 计数，当计数器（TH0、TL0）计数溢出，置位 TCON.5 的 TF0 中断请求标志位。CPU 在每个机器周期的 S5P2 状态时采样 TF0 标志位，当条件满足时 CPU 响应中断请求，转向对应的中断矢量，执行该中断服务程序，并由硬件自动将 TF0 标志位清 0。

（4）T1 片内定时器/计数器 1 溢出（TF1）中断请求。其功能和操作类似定时/计数器 0。其中断请求标志位为 TCON.7 的 TF1。

（5）T2 片内定时器/计数器 2 溢出中断请求。定时器 2 可以被寄存器 T2CON 中的 TF2 和 EXF2 的或逻辑触发。程序进入中断服务后，这些标志位都可以由硬件清 0。定时器 2 有两种不同的工作方式。

定时/计数器方式。当定时/计数器方式的计数器（TH2、TL2）计数满后溢出，置位中断请求标志位（T2CON.7）TF2，向 CPU 请求中断处理。

"捕获"方式。当外部输入端口 T2EX 发生从 1→0 下降沿时，亦将置位 T2CON.6 的中断请求标志位 EXF2，向 CPU 请求中断处理。

（6）串行口中断。片内串行口完成一帧发送或接收，置位中断请求源 TI 或 RI。当完成一串行帧的接收/发送时分别置位串行通信控制寄存器 SCON 中的 RI/TI 中断请求标志位，当条件满足时 CPU 响应中断请求。

AT89S52 单片机还有中断控制寄存器 IE 和中断优先级控制寄存器 IP。IE 用于确定各中断是允许还是禁止，IP 用于定义各中断源的中断优先级，用户通过设置其状态来管理中断系统。

4.2　中断控制

4.2.1　中断允许寄存器 IE

计算机中的中断一般有两类：非屏蔽中断和可屏蔽中断。对于非屏蔽中断，用户不能屏蔽，一旦有中断申请，CPU 必须响应和执行，具有较高的中断优先级别。对于可屏蔽中断，用户可以通过软件方法来控制是否允许中断执行。CPU 对中断源的开放或中断屏蔽的控制是通过中断允许寄存器 IE 设置的，IE 既可按字节地址寻址（其字节地址为 A8H），又可按位寻址。AT89S52 单片机中的 6 个中断矢量都是可屏蔽中断，通过对 IE 的某些位置位和清 0，允许或禁止某个中断，当对 IE 的 EA 位清 0 时，屏蔽全部中断源。IE 中的各标志位功能如表 4-1 所示。

表 4-1 IE 中的中断请求标志位

位	D7	D6	D5	D4	D3	D2	D1	D0
IE	EA		ET2	ES	ET1	EX1	ET0	EX0
位地址	AFH		ADH	ACH	ABH	AAH	A9H	A8H

IE 中的各标志位定义如下：

EA（IE.7）：CPU 中断允许标志。EA=0，CPU 禁止所有中断，即 CPU 屏蔽所有的中断请求；EA=1，CPU 开放中断。但每个中断源的中断请求是允许还是被禁止，还需由各自的允许位确定（见 D5～D0 位说明）。

ET2（IE.5）：定时器/计数器 2 溢出或捕获中断响应控制位。若 ET2=0，则禁止中断响应；ET2=1 为允许中断响应。

ES（IE.4）：串行口中断允许位。ES=1，允许串行口中断；ES=0，禁止串行口中断。

ET1（IE.3）：定时器/计数器 1（T1）的溢出中断允许位。ET1=1，允许 T1 中断；ET1=0，禁止 T1 中断。

EX1（IE.2）：外部中断 1 中断允许位。EX1=1，允许外部中断 1 中断；EX1=0，禁止外部中断 1 中断。

ET0（IE.1）：定时器/计数器 0（T0）的溢出中断允许位。ET0=1，允许 T0 中断；ET0=0，禁止 T0 中断。

EX0（IE.0）：外部中断 0 中断允许位。EX0=1，允许外部中断 0 中断；EX0=0，禁止外部中断 0 中断。

中断允许寄存器中各相应位的状态，可根据要求用指令置位或清 0，从而实现该中断源允许中断或禁止中断。IE 复位值是 00H，即总中断开关关闭，禁止所有中断。单片机在响应中断后不能自动关中断，若想禁止中断嵌套，必须用软件关闭。软件关闭可以用字节寻址也可位寻址。

例：开放外部中断 0。

字节操作：

```
    MOV    IE, #81H
或  MOV    0A8H, #81H
```

位操作：

```
    SETB   EA
    SETB   EX0
```

4.2.2 AT89S52 的优先级寄存器 IP

AT89S52 单片机的中断系统提供两个中断优先级，对于每一个中断请求源都可以编程为高优先级中断源或低优先级中断源，以便实现两级中断嵌套。中断优先级是由片内的中断优先级寄存器 IP（特殊功能寄存器）控制的。IP 寄存器字节地址位 B8H，可以位寻址，IP 寄存器的格式如表 4-2 所示。

表 4-2　IP 寄存器中优先级标志

位	D7	D6	D5	D4	D3	D2	D1	D0
IP			PT2	PS	PT1	PX1	PT0	PX0
位地址			BDH	BC	BBH	BAH	B9H	B8H

中断优先级寄存器 IP 各标志位的定义如下：

PT2（IP.5）：定时器/计数器 2 的中断优先级设置位。PT2=1，定时器/计数器 2 的中断定义为高优先级中断源；PT2=0，定时器/计数器 2 的中断定义为低优先级中断源。

PS（IP.4）：串行口中断优先级控制位。PS=1，串行口定义为高优先级中断源；PS=0，串行口定义为低优先级中断源。

PT1（IP.3）：T1 中断优先级控制位。PT1=1，定时器/计数器 1 定义为高优先级中断源；PT1=0，定时器/计数器 1 定义为低优先级中断源。

PX1（IP.2）：外部中断 1 中断优先级控制位。PX1=1，外部中断 1 定义为高优先级中断源；PX1=0，外部中断 1 定义为低优先级中断源。

PT0（IP.1）：定时器/计数器 0（T0）中断优先级控制位，功能同 PT1。

PX0（IP.0）：外部中断 0 中断优先级控制位，功能同 PX1。

中断优先级控制寄存器 IP 中的各个控制位都可由编程来置位或复位（用位操作指令或字节操作指令），单片机复位后 IP 中各位均为 0，各个中断源均为低优先级中断源。AT89S52 中断系统具有两级优先级（由 IP 寄存器把各个中断源的优先级分为高优先级和低优先级），它们遵循下列两条基本规则：

（1）低优先级中断源可被高优先级中断源所中断，而高优先级中断源不能被任何中断源所中断；

（2）一种中断源（不管是高优先级或低优先级）一旦得到响应，与它同级的中断源不能再中断它。

为了实现上述两条规则，中断系统内部包含两个不可寻址的优先级状态触发器。其中一个用来指示某个高优先级的中断源正在得到服务，并阻止所有其他中断的响应；另一个触发器则指出某低优先级的中断源正在得到服务，所有同级的中断都被阻止，但不阻止高优先级中断源。当同时收到几个同一优先级的中断时，响应哪一个中断源取决于内部查询顺序。其优先级排列如表 4-3 所示。

表 4-3　中断优先顺序

顺序	中断请求标志	中断源名称	优先顺序
1	IE0	外部中断 0（$\overline{\text{INT 0}}$）	最高
2	TF0	定时器/计数器 0 溢出中断	
3	IE1	外部中断 1（$\overline{\text{INT 1}}$）	
4	TF1	定时器/计数器 1 溢出中断	
5	RI+TI	串行通信中断	
6	TF2+EXF2	定时器/计数器 2 溢出中断	最低

例：设置中断优先级寄存器 IP 的值，使 T0、T1、T2 的优先级别最高，其他中断级别

低。

字节操作：

　　　　MOV　　IP，#2AH

或　　MOV　　0B8H，#2AH

位操作：

　　　　SETB　　PT0

　　　　SETB　　PT1

　　　　SETB　　PT2

　　　　CLR　　　PX0

　　　　CLR　　　PX1

　　　　CLR　　　PS

4.3　AT89S52 单片机中断过程

　　AT89S52 单片机中断分为四个阶段：中断采样、中断查询、中断响应、中断返回。执行中断时，必须满足以下三个条件：

　　（1）中断源有中断申请；

　　（2）此中断源的中断允许位为 1；

　　（3）CPU 开中断，即总开关 EA＝1。

　　CPU 采样中断标志后，在下一个机器周期对采样到的中断进行查询。如果在前一个机器周期有中断标志，将会按照中断的优先级别进行中断，程序计数器 PC 转入相应的中断服务程序执行中断。在满足下列条件时才响应中断：

　　（1）无同级或更高级中断正在服务；

　　（2）当前指令周期已经结束；

　　（3）若现行指令为 RETI 或访问 IE、IP 指令时，该指令以及紧接着的下一条指令也执行完成。

　　1．中断采样

　　中断采样针对外部中断请求信号而言，在 S5P2 对相应引脚采样，根据其电平状态高/低，判断相应的中断请求。

　　IT0/1＝0，设定电平触发方式，低电平有效。外部中断请求引脚为低电平，表示有中断请求。引脚的低电平状态应该保持两个机器周期。

　　IT0/1＝1，设定脉冲触发方式，负脉冲有效。相邻机器周期采样的引脚的状态为先高后低，表明外部中断引脚有中断请求，高低电平均应持续一个机器周期。

　　2．中断查询

　　在每个机器周期的 S5P2 后，由硬件自动地去查询相应的中断标志位，先查询高级中断，再查询低级中断，同级中断按内部中断优先级顺序查询。如果查询到有中断标志位为 1，则表明有中断请求发生，接着从相邻的下一个机器周期的 S1 状态开始进行中断响应。

　　由于中断请求是随机发生的，CPU 无法预先得知，因此中断查询要在指令执行的每个机器周期中不停地重复执行。

3．中断响应

CPU 响应中断时，先置位相应的优先级激活触发器，封锁同级和低级的中断。然后程序根据中断源的类别，在硬件的控制下转向相应的中断入口单元，执行中断服务程序。

硬件调用中断服务程序时，把程序计数器 PC 的内容压入堆栈（但不能自动保存程序状态字 PSW 的内容），硬件自动插入一条 AJMP 指令，程序计数器跳转至中断服务程序的入口地址。AT89S52 单片机中 6 个中断源的入口地址是固定的，不能改动。中断服务程序的入口地址如表 4-4 所示。

表 4-4　中断服务程序入口地址

中断源	矢量地址
外部中断 0	0003H
定时器/计数器 T0	000BH
外部中断 1	0013H
定时器/计数器 T1	001BH
串行口中断	0023H
定时器/计数器 T2	002BH

在上表中，各中断入口地址占用 8 个字节，一般情况下不能存放一个完整的中断服务程序。在程序设计过程中，通常安排一条无条件转移指令，使得程序转向所存放的存储器中的地址。中断响应的过程如图 4-3 所示。

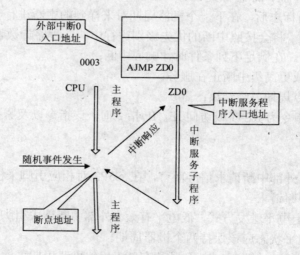

图 4-3　中断响应过程

上图中，外部中断 0 的入口地址为 0003H，外部中断 0 的中断服务子程序的程序结构如下：

```
ORG    0000H
AJMP   MAIN
ORG    0003H          ；外部中断 0 的溢出中断入口地址
AJMP   INT0           ；跳转至中断服务程序的存放地址
```

```
    ORG    0030H
MAIN:
    ……
INT0:
    ……
    RETI
    END
```

中断服务子程序一般包括两部分内容，一是保护和恢复现场，二是处理中断源的请求。中断服务程序中要使用与主程序有关的寄存器，CPU 在中断之前要保护这些寄存器的内容，即要保护现场，而在中断返回时又要使它们恢复原值，即恢复现场。

在中断服务程序开始，就需要保护现场，由 PUSH 入栈；在中断服务程序最后，由 POP 出栈。入栈、出栈的顺序相反，数目相同，PUSH 和 POP 必须成对出现。下面是一个在中断服务程序中保护现场和恢复现场的实例。设在执行中断服务程序时需要保护 ACC、DPTR、PSW 内容，其程序如下：

```
INTT0:    PUSH    ACC
          PUSH    DPH
          PUSH    DPL
          PUSH    PSW
          中断源服务
          POP     PSW
          POP     DPL
          POP     DPH
          POP     ACC
          RETI
```

4. 中断返回

中断服务程序的最后一条指令必须是中断返回指令 RETI。CPU 执行完这条指令后，把响应中断时所置位的优先级激活触发器清 0，然后从堆栈中弹出两个字节内容（断点地址）装入程序计数器 PC 中，CPU 就从原来被中断处重新执行被中断的程序。

5. 中断的响应时间

中断响应时间是指从查询中断请求标志位开始到转向中断矢量地址所需的机器周期数。响应中断的时间依中断请求发生的情况不同有长有短，因此，AT89S52 单片机发生中断的时间根据中断类型和中断执行的方式不同而不同。

外部中断 $\overline{INT0}$ 和 $\overline{INT1}$ 的电平在每个机器周期的 S5P2 时被采样并锁存到 IE0 和 IE1 中，这个置入到 IE0 和 IE1 的状态在下一个机器周期才被查询电路查询。如果产生了一个中断请求，而且满足响应的条件，CPU 响应中断，查询中断请求标志位，同时这个周期恰好是指令的最后一个周期，则在这个机器周期结束后，中断请求被 CPU 响应，产生一条硬件自动生成的长调用指令 LCALL，使 CPU 转到相应的服务程序入口。这条指令需两个机器周期，故最少需 3 个机器周期。

若在中断查询时正好开始执行 RET、RETI 或访问 IE、IP，则需当前指令完成后再继续执行一条指令，才进行中断响应。RET、RETI 需要 2 个机器周期，LCALL 需要 2 个机器周期，MUL、DIV 指令需要 4 个机器周期，因此完成相应操作共需要 8 个机器周期。

　　因此，在系统中只有一个中断源的情况下，响应时间总是在 3 个机器周期到 8 个机器周期之间。

4.4　中断的撤除

　　CPU 响应某中断请求后，在中断返回前，应该撤除该中断请求，否则会引起另一次中断而发生错误。根据中断方式的不同，中断的撤除可以分为定时器/计数器中断请求的撤除、外部中断请求的撤除、串口中断请求的撤除。

4.4.1　定时器/计数器 T0/T1 中断的撤除

　　定时器/计数器 T0/T1 的外部中断请求，在 CPU 响应中断后，由内部硬件自动清除中断标志 TF0 和 TF1，无需采取其他措施。详见第 5 章相关内容。

4.4.2　外部中断请求的撤除

　　对于跳变触发方式的外部中断 $\overline{INT0}$、$\overline{INT1}$，在 CPU 相应中断后，由内部硬件自动清除中断标志 IE0 和 IE1。

　　对于电平触发方式的外部中断请求的撤除，情况则不同，仅仅依靠清除中断标志并不能彻底解决中断请求的撤除问题。在电平触发方式下，外部中断标志 IE0、IE1 靠 CPU 检测 $\overline{INT0}$、$\overline{INT1}$ 上的低电平置位。CPU 响应中断后，中断标志位 IE0、IE1 自动置 0，此时如果外部中断没有及时撤除 $\overline{INT0}$、$\overline{INT1}$ 的低电平，那么就会不断申请中断，造成错误。因此，电平触发方式的外部中断请求的撤除必须使 $\overline{INT0}$、$\overline{INT1}$ 上的低电平在中断响应后把中断请求输入端从低电平强制改为高电平。撤除中断请求的电路方案如图 4-4 所示。

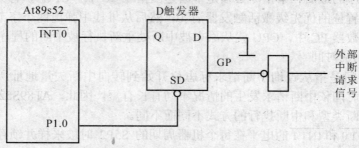

图 4-4　电平方式外部中断请求的撤销电路

　　上图中，用 D 触发器锁存外部中断请求低电平，通过触发器输出端 Q 送 INT0，所以增加的 D 触发器对外部中断请求没有影响。中断响应后，为了撤销低电平引起的中断请求，可利用 D 触发器的直接置位端 SD 来实现。AT89S52 的一根 I/O 口线 P1.0 控制 SD 端。只要在 SD 端输入一个负脉冲（P1.0 初始状态为 1），即可使 D 触发器置 1，从而撤销了低电平的中断请求信号，所需负脉冲可以通过在中断服务程序中增加以下两条指令得到：

　　　　SETB　P1.0　　；P1.0 置 1

```
CLR    P1.0        ; P1.0 置 0
```

所以，电平方式下外部中断请求信号的撤除，要通过硬件和软件的配合来解决。

4.4.3　串行口中断请求的撤除

AT89S52 进入串行口中断服务程序后常需要对它们进行检测，以测定串行口发生了接收中断还是发送中断。TI 和 RI 是串行口中断的标志位（见 SCON），中断系统不能自动将它们撤除，为防止 CPU 再次响应这类中断，只能用软件的方法，在中断服务程序中用如下指令将它们撤除，详见第 6 章内容。

```
CLR    TI              ; 撤除发送中断
CLR    RI              ; 撤除接收中断
```
若采用字节型指令，则可使用如下指令：
```
ANL    SCON, #0FCH     ; 撤除发送和接收中断
```

4.5　多个外部中断源系统设计

在 AT89S52 单片机中，只有两个外部中断请求输入端 INT0 和 INT1。而实际应用系统中往往会出现两个以上的外部中断源，因此必须对外部中断源进行扩展。其方法主要有：用定时器／计数器 T0、T1 扩展；采用中断和查询相结合的方法扩展；用串行口的中断扩展；用优先权编码器扩展等方法。这里重点介绍前两种方法。

4.5.1　用定时器／计数器作为中断源

AT89S52 单片机的 3 个定时器／计数器 T0、T1、T2（具体内容将在下一章介绍），如在 T0、T1 在某些应用中不被使用，则它们的中断可作为外部中断请求使用。此时可把他们作为计数方式，计数初值一般设定为满量程（即定时器的最大计数值），则它们的计数输入端 P3.4 或 P3.5 引脚上发生负跳变时，T0 或 T1 计数器就加 1，产生溢出中断。利用此特性，可以把 P3.4、P3.5 作为外部中断请求输入线，而计数器的溢出中断作为外部中断请求标志。

设 T0 为方式 2（自动装入常数）外部计数方式，时间常数为 0FFH，允许中断，CPU 开放中断。其初始化程序为：

```
ORG    0000H            ; 跳到初始化程序
MOV    TMOD, #06H       ; T0 为方式 2，计数器方式工作
MOV    TL0, #0FFH       ; 计数初值为满量程
MOV    TH0, #0FFH       ; 计数初值为满量程
SETB   TR0              ; 置 TR0 为 1，启动 T0
MOV    IE, #82H         ; 置中断允许，IE 中的 EA 位为 1，ET0 位为 1
```

当接在 P3.4 引脚上的外部中断请求输入线发生负跳变时，TL0 加 1 溢出，TF0 被置 1，向 CPU 发出中断请求。同时 TH0 的内容自动送入 TL0，使 TL0 恢复初始值 0FFH。这样，P3.4 引脚上的每次负跳变都将 TF0 置位 1，向 CPU 发出中断请求，CPU 响应中断请求时，程序计数器 PC 转到 000BH 执行外部中断服务程序，此时 P3.4 相当于边沿触发的外中断源

输入线。同理，也可以把 P3.5 引脚作类似的处理。

4.5.2　采用中断与查询相结合的方法

中断与查询相结合的方法是把系统中多个外部中断源按它们的重要程度进行排序，把其中最高级别的中断源接到 MCS-51 的一个外部中断源输入端（例如接到 $\overline{INT0}$ 脚），其余的中断源用线"或"的方法连接到另一个外部中断输入端（例如接到 $\overline{INT1}$），并同时接到一个 I/O 口，如图 4-5 所示接到 P1 口。中断请求由硬件电路产生，而中断源的识别由程序查询来处理，查询顺序由中断源的优先级决定。图 4-5 为五个外部中断源的连接电路，其中设备 1～4 经 OC 门与 $\overline{INT1}$ 连接，并连接到 P1.0～P1.3，均采用电平触发方式。设备 0 为最高级中断源，单独作为外部中断 0 的输入信号。这种办法扩展比较简单，但是当外部中断扩展的数量较多时，查询的时间比较长，导致程序的执行效率较低。

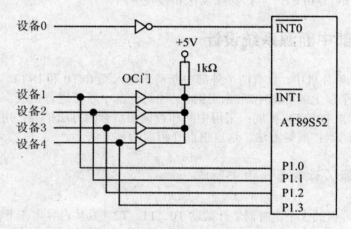

图 4-5　多个外部中断源系统设计

外部中断 1 的中断服务程序如下：

```
        ORG     1000H
        LJMP    INTR
INTR:   PUSH    PSW                ; 保护现场
        PUSH    A
        JNB     P1.0，IR1          ; P1.0 引脚为 0，转至设备 1 中断服务程序
        JNB     P1.1，IR2          ; P1.1 引脚为 0，转至设备 2 中断服务程序
        JNB     P1.2，IR3          ; P1.2 引脚为 0，转至设备 3 中断服务程序
        JNB     P1.3，IR4          ; P1.3 引脚为 0，转至设备 4 中断服务程序
INTR1:  POP     A                  ; 恢复现场
        POP     PSW
        RETI                       ; 中断返回
IR1:    ……                        ; 设备 1 中断服务程序入口
        AJMP    INTR1              ; 跳转到 INTR1 所指示的指令
```

```
IR2:    ......                    ; 设备 2 中断服务程序入口
        AJMP    INTR1             ; 跳转到 INTR1
IR3:    ......                    ; 设备 3 中断服务程序入口
        AJMP    INTR1             ; 跳转到 INTR1
IR4:    ......                    ; 设备 4 中断服务程序入口
        AJMP    INTR1             ; 跳转到 INTR1
```

4.6　中断服务程序应用设计

中断服务程序是一种为中断源的特定事态要求服务的独立程序段，以中断返回指令 RETI 结束。在程序存储器中设置有 6 个固定的单元作为中断矢量，即是 0003H、000BH、0013H、001BH、0023H 及 002BH 单元，中断过程如图 4-6 所示。

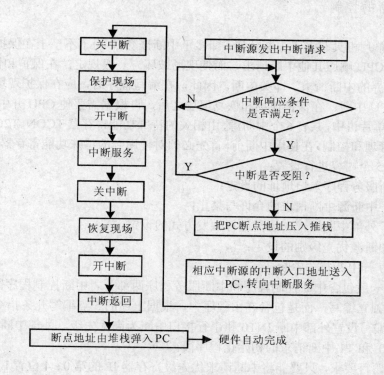

图 4-6　中断处理过程示意图

中断响应最突出的特点是它的随机性。下面针对中断服务程序编写中的几个问题进行说明。

4.6.1　保护断点和现场、恢复断点和现场

中断服务程序和子程序一样，在调用和返回时，也有一个保护断点和现场、恢复断点和现场的问题。

在中断响应过程中，断点的保护主要由硬件电路自动实现。它将断点压入堆栈，再将中断服务程序的入口地址送入程序计数器 PC，使程序转向中断服务程序，即为中断源的请求服务。

所谓现场是指中断发生时单片机中存储单元、寄存器、特殊功能寄存器中的数据或标志位等。在 AT89S52 单片机中，现场一般包括累加器 A、工作寄存器 R0～R7 以及程序状态字 PSW 等。现场保护一定要位于中断服务程序的前面，保护的方法可以有以下几种：

（1）通过堆栈操作指令 PUSH direct；

（2）通过工作寄存器区的切换；

（3）通过单片机内部存储器单元暂存。

在结束中断服务程序返回断点处之前要恢复现场，与保护现场的方法相对应，恢复断点也是由硬件电路自动实现的。

4.6.2　对中断的控制

AT89S52 单片机具有多级中断功能（即多重中断嵌套），为了不至于在保护现场或恢复现场时，由于 CPU 响应其他中断请求，而使现场破坏。一般规定，在保护和恢复现场时，CPU 不响应外界的中断请求，即关中断。因此，在编写程序时，应在保护现场和恢复现场之前，关闭 CPU 中断；在保护现场和恢复现场之后，再根据需要使 CPU 开中断。

AT89S52 单片机中，共有 6 个中断源，由相关的特殊功能寄存器 TCON、T2CON、SCON、IE 和 IP 进行管理和控制，在使用中断前，首先必须对使用到的特殊功能寄存器进行初始化，用软件对以下 5 个内容进行设置：

（1）中断服务程序入口地址的设定；

（2）某一中断源中断请求的允许与禁止；

（3）对于外部中断请求，还需进行触发方式的设定；

（4）各中断源优先级别的设定；

（5）CPU 开中断与关中断。

中断程序一般包含中断控制程序和中断服务程序两部分。中断控制程序即中断初始化程序，一般不独立编写，而是包含在主程序中，根据上述的 5 点编写几条指令实现。

例 1：试编写设置外部中断 INT0 和串行接口中断为高优先级，外部中断 INT1 为低优先级，屏蔽 T0 和 T1 中断请求的初始化程序段。

解：根据题目要求，只要能将中断请求优先级寄存器 IP 的第 0、4 位置 1，其余位置 0，将中断请求允许寄存器的第 0、2、4、7 位置 1，其余位置 0 就可以了。编程如下：

```
        ORG     0000H
        SJMP    MAIN
        ORG     0003H
        LJMP    INTR            ；设外部中断中断矢量
        ORG     0013H
        LJMP    INT1INT         ；设外部中断中断矢量
        ORG     0023H
```

```
        LJMP    SIOINT              ；设串行口中断矢量
        ORG     0030H
MAIN；…
        MOV     IP, #00010001B      ；外部中断 INT0 和串行口中断为高优先级
        MOV     IE, #10010101B      ；允许 INT0、INT1、串行口中断，开 CPU 中断
```

例 2：已知（B）=01H，要求采用边沿触发，低优先级，通过外部中断 1，在中断服务中将 B 寄存器里的内容循环左移一位。

解：此例的实际意义是在 INT1 引脚接一个按钮开关到地，每按一下按钮就申请一次中断，中断服务依次点亮八盏灯中的一盏。如图 4-7 所示，P1.0～P1.7 分别接 LED0～LED7，P3.3（外部中断 1INT1）引脚接一个按钮开关到地，每按一下按钮就申请一次中断，编写程序，依次点亮八盏灯中的一盏。

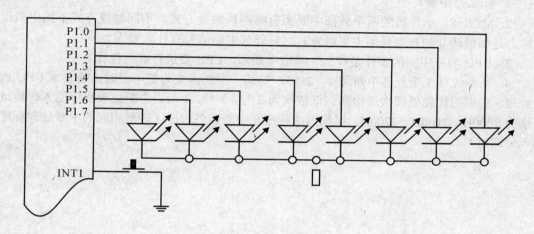

图 4-7　单片机 LED 控制图

主程序如下：

```
        ORG     0000H
        LJMP    MAIN
        ORG     0013H        ；中断矢量
        LJMP    INT
MAIN:   SETB    EA           ；开总中断允许"开关"
        SETB    EX1          ；开分中断允许"开关"
        CLR     PX1          ；0 优先级（也可不要此句）
        SETB    IT1          ；边沿触发
        MOV     B, #01H      ；给 B 寄存器赋初值
HERE:   SJMP    HERE         ；原地等待申请
INT:    PUSH    A
        MOV     A, B         ；自 B 寄存器中取数
        RL      A            ；循环左移一次
        MOV     B, A         ；存回 B，备下次取用
```

<pre>
        MOV   P1，A   ；输出到 P1 口
        POP   A
        RETI   ；中断返回
</pre>

【本章小结】

　　单片机中断系统具有广泛的应用价值。单片机的中断系统是一个难点，应该重点掌握和理解单片机的中断控制和中断过程，并可以从应用角度编写简单的单片机中断程序。

4.7　习题

　　1. 什么是中断？

　　2. MCS-51 单片机的两个外部中断源有哪两种触发方式？不同触发方式下的中断请求标志是如何清 0 的？当采用电平触发时，对外部中断信号有什么要求？

　　3. CPU 响应中断的条件是什么？响应中断后，CPU 要进行哪些操作？

　　4. 某系统有 3 个外部中断源 1、2、3，当某一中断源变为低电平时，便要求 CPU 进行处理，它们的优先处理次序由高到低依次为 2 号、3 号、1 号，中断处理程序的入口地址分别为 2000H、2100H、2200H。试编写主程序及中断服务程序（转至相应的中断处理程序的入口即可）。

第 5 章　AT89S52 单片机定时器/计数器

【教学目的】

　　本章主要讲解定时/计数器的定时方法和功能，以及定时/计数器的工作方式，从而掌握单片机内部定时器/计数器的控制方法，并能够应用定时中断进行程序设计。

【教学要求】

　　本章要求了解可编程定时器的优点及AT89S52单片机内部定时器的特点，初步掌握AT89S52单片机内部定时器/计数器的结构，掌握单片机内部定时器/计数器的控制方法，掌握定时器/计数器几种工作方式的特点及差异。

【重点难点】

　　本章的重点是单片机内部定时器/计数器的结构及特点，定时器/计数器的控制方法；定时器/计数器几种工作方式的特点。难点是定时中断程序设计。

【知识要点】

　　本章的重要知识点有定时器的结构、定时器控制、定时器的工作模式及应用、定时中断程序设计。

5.1　定时器/计数器基本原理

　　定时器 / 计数器（timer/counter）是单片机硬件结构中一个重要组成部分，定时器主要完成系统运行过程中的定时功能，而计数器主要用于对外部事件的计数，在工业检测、自动控制以及智能仪器等方面起着重要的作用。

5.1.1　定时/计数的基本概念

　　定时和计数是日常生活和生产中最常见和最普遍的问题。在计算机系统、工业控制领域都存在定时、计时和计数问题。一天 24 小时的计时称为日时钟，长时间的计时（日、月、年直至世纪的计时）称为实时钟。生活中定时/计数的例子也有很多：汽车上的里程表、水电气表的度量、上下课的铃声等等。

　　总结以上的各种实例，我们发现在定时/计数的过程中，都有一个标准的问题，比如 1 小时是 3600 秒，如果把"秒"作为一个标准量程的话，只要计数 3600 个，就是 1 小时。在工业生产中，我们也有这样的办法，电缆厂对电缆长度的度量，通常情况下用一个周长是 1 米的轮子，将电缆绕在上面一周，由电缆带动轮子转动，这样轮转一周就是线长 1 米，所以只要记下轮子转了多少圈，就能知道走过的电缆线有多长了。

定时器和计数器功能基本上都是使用相同的逻辑实现的，而且这两个功能都包含输入的计数信号。计数器用来计数并指示在任意间隔内输入信号（事件）的个数，而定时器则对规定间隔内输入的信号个数进行计数，用来指示经历的时间。换句话说，定时器和计数器功能在使用对象和输入的信号方面不相同，定时器是对计算机内部的基准时钟源产生的脉冲进行计数，计数器是对外部脉冲计数，定时与计数本质上都是对脉冲计数。因此，人们就统称它们为定时/计数器。

定时器由数字电路中的计数电路构成，通过记录高精度晶振脉冲信号的个数输出准确的时间间隔。计数电路在记录外设提供的具有一定随机性的脉冲信号时，主要反映脉冲的个数（进而获知外设的某种状态），又称为计数器。例如，微机控制系统中往往使用计数器对外部事件计数。

在单片机中，定时/计数器作定时功能用时，对机器周期计数（由单片机的晶体振荡器经过 12 分频后得到），因每次计数的周期是固定的，所以根据它计数的多少就可以很方便地计算出它计数的时间，单片机中的定时器/计数器的基本原理如图 5-1 所示。

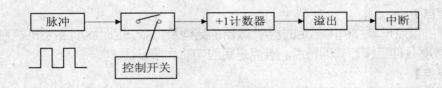

图 5-1　定时器/计数器的基本原理

5.1.2　溢出的基本概念

从一个生活中的例子看起：一个水盆在水龙头下，水龙头没关紧，水一滴滴地滴入盆中。盆的容量是有限的，水滴持续落下，盆中的水慢慢变满，最终有一滴水使得盆中的水满了，这就是"溢出"。单片机中的定时器/计数器由两个 8 位的 RAM 单元组成，即每个计数器都是 16 位的计数器，最大的计数量是 65 536，当计数计到 65 536 就会产生溢出，这时就会产生中断，完成定时/计数的任务。

如果一个空的盆要 10 000 滴水滴进去才会满，开始滴水之前可以先放入一部分水，叫做计数初值。如果现在要计数 10 000，那么可以先放入 1 000 滴水，也就是计数初值为 1 000，再计数 9000 就可以溢出产生中断。

单片机中通常采用计数初值的办法，如果每个脉冲是 1μs，则计满 65 536 个脉冲需时 65.536ms，如果现在要定时 10ms（10 000μs），只要在计数器里面放进 55 536 就可以了。

5.1.3　定时/计数的主要方法

单片机实现定时或计数，主要有三种方法。

1. 软件延时

软件延时利用微处理器执行一个延时程序段实现。因为微处理器执行每条指令都需要一定时间，通过指令的循环实现软件延时。软件定时具有不使用硬件的特点，但却占用了大量 CPU 时间。另外，软件定时精度不高，在不同系统时钟频率下，执行一条指令的时间不同，同一个软件延时程序的定时时间也会不同。

2．硬件定时

硬件定时采用数字电路中的分频器将系统时钟进行适当分频产生需要的定时信号，也可以采用单稳电路或简易定时电路（如常用的 555 定时器）由外接 RC（电阻、电容）电路控制定时时间。这样的定时电路较简单，利用不同分频倍数或改变电阻阻值、电容容值使定时时间在一定范围内改变。

3．可编程的硬件定时

可编程定时器/计数器最大特点是可以通过软件编程来实现定时时间的改变，通过中断或查询方法来完成定时功能或计数功能。这种电路不仅定时值和定时范围可用程序改变，而且具有多种工作方式，可以输出多种控制信号，具备较强的功能。

5.2　定时器/计数器的基本结构及工作原理

目前常用的单片机中往往都配备了定时器/计数器。在 AT89S52 芯片内包含有三个 16 位的定时器/计数器：T0、T1 和 T2。在这里不详细讲解 T2 定时/计数器，如果需要可以参考 AT89S52 的相关资料。

5.2.1　定时器/计数器功能

AT89S52 单片机定时器/计数器的基本部件是两个 8 位的计数器（T1 计数器分为高 8 位 TH1 和低 8 位 TL1，T0 计数器的高 8 位是 TH0，低 8 位是 TL0）。

定时器/计数器的核心是一个加 1 计数器，在作定时器使用时，它对机器周期进行计数，每过一个机器周期计数器加 1，直到计数器计满溢出。输入的时钟脉冲是由晶体振荡器的输出经 12 分频后得到的，因此，时钟脉冲频率为晶振频率的 1/12，所以定时器也可看做是对单片机机器周期的计数器。由于一个机器周期由 12 个振荡周期组成，定时器的定时时间不仅与计数器的初值即计数长度有关，而且还与系统的时钟频率有关，如果晶振频率为 12MHz，则定时器每接收一个输入脉冲的时间为 1μs。

当它用作对外部事件计数时，计数器接相应的外部输入引脚 T0（P3.4）或 T1（P3.5）。在每个机器周期的 S5P2 时采样外部输入，计数器加 1 操作发生在检测到这种跳变后的下一个机器周期的 S3P1 期间，因此需要两个机器周期（24 个振荡周期）来识别一个从"1"到"0"的跳变，当采样值在这个机器周期为 1，在下一个机器周期为 0 时，则计数器加 1，最高计数频率为晶振频率的 1/24。对外部输入信号的占空比没有特别的限制，但必须保证输入信号电平在它发生跳变前至少被采样一次，因此输入信号的电平至少应在一个完整的机器周期中保证不变。

5.2.2　定时器/计数器的结构

AT89S52 单片机内部的定时/计数器的结构如图 5-2 所示。定时器 T0 由特殊功能寄存器 TL0（低 8 位）和 TH0（高 8 位）构成，定时器 T1 由特殊功能寄存器 TL1（低 8 位）和 TH1（高 8 位）构成，其访问地址依次为 8AH～8DH。每个寄存器均可单独访问，这些寄存器是用于存放定时或计数初值的。AT89S52 的定时器/计数器是一种可编程部件，在定时器/计数器开始工作之前，CPU 必须将一些命令（控制字）写入定时/计数器。特殊功能寄存器 TMOD 控制定时寄存器的工作方式，TCON 则用于控制定时器 T0 和 T1 的启动和停止计数，同时管理定时器 T0 和 T1 的溢出标志等。程序开始时需对 TMOD 和 TCON 进行初始化编程，以定义它们的工作方式和控制 T0 和 T1 的计数。将控制字写入定时/计数器的过程叫定时器/计数器初始化。在初始化过程中，要将工作方式控制字写入方式寄存器，工作状态字写入控制寄存器，CPU 就会按设定的工作方式独立运行。

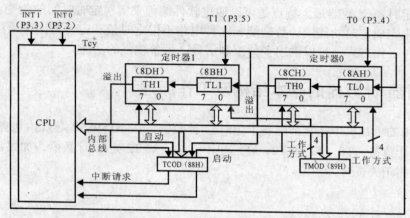

图 5-2　AT89S52 定时器/计数器结构框图

1. 定时器/计数器方式寄存器 TMOD

定时器/计数器方式控制寄存器 TMOD 在特殊功能寄存器中，字节地址为 89H。TMOD 不能进行位寻址，只能用字节传送指令设置定时器工作方式，低半字节定义为定时器/计数器 0，高半字节定义为定时器/计数器 1。复位时，TMOD 所有位均为 0。TMOD 的格式如表 5-1 所示。

表 5-1　TMOD 寄存器各位定义

D7	D6	D5	D4	D3	D2	D1	D0
GATE	C/$\overline{\text{T}}$	M1	M0	GATE	C/$\overline{\text{T}}$	M1	M0
◄————	T1 方式控制字		————►	◄————	T0 方式控制字		————►

M1、M0：工作方式选择位。M1、M0 用来定义定时器/计数器的四种工作方式，如表 5-2 所示。

表 5-2　定时/计数器工作方式选择表

M1	M0	工作方式	功能描述
0	0	工作方式 0	13 位定时/计数器
0	1	工作方式 1	16 位定时/计数器
1	0	工作方式 2	具有自动重装初值的 8 位定时/计数器
1	1	工作方式 3	定时器 0：分为两个 8 位定时器；定时器 1：停止计数

C/$\overline{\text{T}}$：功能选择位：C/$\overline{\text{T}}$位为定时器方式或计数器方式选择位。C/$\overline{\text{T}}$=1 时，为计数器方式；C/$\overline{\text{T}}$=0 时，为定时器方式。

GATE：门控制位，确定定时器的开启与关闭。当 GATE=0 时，只要定时器控制寄存器 TCON 中的 TR0（或 TR1）被置 1 时，T0（或 T1）被允许开始计数（TCON 各位含义见后面叙述）。

当 GATE=1 时，外部中断引脚 $\overline{\text{INT}\,0}$ 或 $\overline{\text{INT}\,1}$ 的输入电平控制 T0 或 T1 的开启与关闭。

例：设置定时器 1 为定时工作方式，要求软件启动定时器 1，按方式 2 工作。定时器 0 为计数方式，要求由软件启动定时器 0，按方式 1 工作。设定控制字，并进行初始化。

解：C/$\overline{\text{T}}$位（D6）是定时或计数功能选择位，定时/计数器 1 工作在定时器方式，D6 为 0。

定时/计数器 1 工作在方式 2，M0（D4）M1（D5）的值必须是 1 0。

设定定时器 0 为计数方式。定时/计数器 0 的工作方式选择位 C/$\overline{\text{T}}$=1

软件启动定时器 0，当门控位 GATE=0 时，定时/计数器的启停就由软件控制。

定时/计数器 0 工作在方式 1，M0（D0）M1（D1）的值必须是 0 1。最后各位的情况如下：

```
D7  D6  D5  D4  D3  D2  D1  D0
0   0   1   0   0   1   0   1        25H
```

执行 MOV　TMOD，#25H 这条指令就可以实现上述要求。

2．定时器/计数器控制寄存器 TCON

TCON 是定时器/计数器 0 和 1（T0，T1）的控制寄存器，它同时也用来锁存 T0、T1 的溢出中断请求源和外部中断请求源。TCON 寄存器复位时为 00H，可以进行位寻址。定时器/计数器控制寄存器 TCON 字节地址为 88H，其各位定义如表 5-3 所示。

表 5-3　TCON 寄存器各位定义

D7	D6	D5	D4	D3	D2	D1	D0
TF1	TR1	TF0	TR0	IE1	IT1	IE0	IT0
				←——— 用于外部中断 ———→			

TCON 中与中断相关的标志位定义如下：

TF1：定时器 1 溢出标志位。当 T1 计满溢出时，由硬件使 TF1 置 1，申请中断。进入中断服务程序后，由硬件自动清 0，在查询方式下用软件清 0。

TR1：定时器 1 运行控制位。TR1 置 1，启动定时器 1；TR1 置 0 则停止工作。TR1 由软件置 1 或清零。

TF0：定时器 0 溢出标志。其功能及操作情况同 TF1。

TR0：定时器 0 运行控制位。其功能及操作情况同 TR1。

IE1：外部中断 1 中断请求标志。IT1=1 时，外部中断 1 引脚 $\overline{\text{INT}\,1}$ 上的电平由 1 变 0 时，IE1 由硬件置位，外部中断 1 请求中断。当 CPU 响应中断并转向该中断服务程序执行时，由内部硬件自动清 0。

IT1：外部中断 1（$\overline{\text{INT}\,1}$）电平触发方式或者脉冲触发方式控制位。IT1=1 时，外部中断 1 为负边沿触发方式，引脚 $\overline{\text{INT}\,1}$ 上的电平从高到低负跳变有效。IT1=0 时，外部中断 1

为电平触发方式。$\overline{INT1}$ 上输入低电平有效。

IE0：外部中断 0 中断请求标志。如果 IT0 置 1，则当 $\overline{INT0}$ 上的电平由 1 变 0 时，IE0 由硬件置位。在 CPU 把控制转到中断服务程序时由硬件使 IE0 复位。

IT0：外部中断源 0 触发方式控制位，其含义同 IT1。

5.3　AT89S52 单片机定时器/计数器的工作方式

AT89S52 单片机内有四种工作方式，其控制字和状态均在相应的特殊功能寄存器中，通过对控制寄存器的编程，就可方便地选择适当的工作方式。

5.3.1　定时器/计数器的初始化

定时器/计数器是一种可编程部件，功能是由软件编程确定的，使用定时/计数器前需要对其进行初始化，使其按设定的功能工作。初始化的一般步骤如下：

（1）确定工作方式（即对 TMOD 赋值）。

（2）预置定时或计数的初值（可直接将初值写入 TH0、TL0 或 TH1、TL1）。

（3）根据需要开放定时器/计数器的中断。

（4）启动定时器/计数器。

5.3.2　工作方式 0～13 位定时器/计数器

定时/计数器 0 的工作方式 0 电路逻辑结构如图 5-3（定时/计数器 1 与其完全一致）所示。工作方式 0 是 13 位计数结构的工作方式，其计数器由 TH 的全部 8 位和 TL 的低 5 位构成，TL 的高 3 位没有使用。当 C/$\overline{T}$=0 时，多路开关接通振荡脉冲的 12 分频输出，13 位计数器以此进行计数，这就是定时工作方式。当 C/$\overline{T}$=1 时，多路开关接通计数引脚（T0），外部计数脉冲由引脚 T0 输入，当计数脉冲发生负跳变时，计数器加 1，这就是计数工作方式。

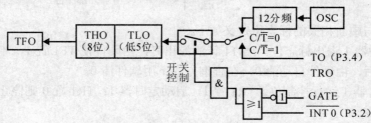

图 5-3　定时/计数器 0 工作方式 0 逻辑结构

在方式 0 下，当为计数工作方式时，计数值的范围是：1～8192（2^{13}）；当为定时工作方式时，定时时间的计算公式为：

$$（2^{13} - 计数初值）\times 晶振周期 \times 12$$

或

$$（2^{13} - 计数初值）\times 机器周期$$

其时间单位与晶振周期或机器周期相同。

例：当某单片机系统的外接晶振频率为 6MHz 时，计算系统的最大、最小定时时间。
系统的最小定时时间为：

$$[2^{13}-(2^{13}-1)]\times[1/(6\times10^6)]\times12=2\times10^{-6}=2（\mu s）$$

最大定时时间为：

$$(2^{13}-0)\times[1/(6\times10^6)]\times12=16\,384\times10^{-6}=16\,384（\mu s）$$

5.3.3　工作方式 1～16 位的定时/计数器

当 M1M0=01 时，定时/计数器处于工作方式 1，此时，定时/计数器的等效电路如图 5-4 所示，仍以定时器 0 为例，定时器 1 与之完全相同。

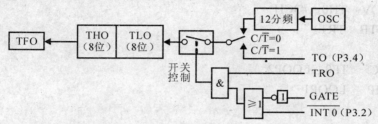

图 5-4　定时器/计数器 0 工作方式 1 逻辑结构

可以看出，方式 0 和方式 1 的区别仅在于计数器的位数不同，方式 0 为 13 位，而方式 1 则为 16 位，由 TH0 作为高 8 位，TL0 为低 8 位，有关控制状态字（GATA、C/$\overline{T}$、TF0、TR0）和方式 0 相同。

在工作方式 1 下，计数器的计数值范围是：1～65 536（2^{16}）

当为定时工作方式 1 时，定时时间的计算公式为：

$$(2^{16}-计数初值)\times晶振周期\times12$$

或

$$(2^{16}-计数初值)\times机器周期，$$

其时间单位与晶振周期或机器周期相同。

例：设定时器 T0 以方式 1 工作，现在需要延时 1s，试计算计数初值，并编写中断程序，$f_{osc}=12MHz$。

解：

（1）计算计数初值

用定时器获得 100ms 的定时时间再加 10 次循环得到 1s 的延时，可算得 100ms 定时的定时初值。

$$(2^{16}-TC0)\times2\mu s=100ms$$

$$TC0=2^{16}-50\,000=15\,536=3CB0H$$

则

$$TH0=3CH，TL0=B0H$$

（2）TMOD 寄存器初始化

$$M1M0=01，C/\overline{T}=0，GATE=0$$

因此

$$TMOD=01H$$

（3）程序设计

```
ORG    0000H
       AJMP    START
       ORG     0030H
START:
       MOV    TMOD，#01H
       MOV    R7，#10
TIME:
       MOV    TL0，#0B0H
       MOV    TH0，#3CH
       SETB    TR1
LOOP1:
       JBC    TF0，LOOP2
       JMP    LOOP1
LOOP2:
       DJNZ    R7，TIME
       RET
       END
```

5.3.4　工作方式2～8位自动重装的定时/计数器

当M1M0=10时，定时/计数器处于工作方式2。以定时/计数器0为例，此时定时器的等效电路如图5-5所示，构成自动重新装入计数初值。

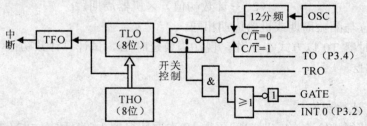

图5-5　定时/计数器工作方式2等效电路

工作方式2中，16位计数器分为两部分，TLx为8位加1计数器，THx为8位初值暂存器，即以TL0为计数器，以TH0作为预置寄存器。初始化时把计数初值分别加载至TL0和TH0中，当计数溢出时，由预置寄存器TH以硬件方法自动给计数器TL0重新加载，这种工作方式适合于重复计数的应用场合。

在工作方式2下，计数器的计数值范围是：$1\sim256$（2^8）

当定时器工作在方式2时，定时时间的计算公式为：

$$（2^8-计数初值）\times 晶振周期\times 12$$

或   （2^8－计数初值）×机器周期，
其时间单位与晶振周期或机器周期相同。

例：用定时器 1 以工作方式 2 实现计数，每计数 100 次进行累加器加 1 操作。

（1）计算计数初值

$$计数初值＝2^8－100＝156D＝09CH$$

则

$$TH1＝09CH，TL1＝09CH$$

（2）TMOD 寄存器初始化

$$M1M0＝10，C/\overline{T}＝1，GATE＝0$$

因此

$$TMOD＝60H$$

（3）程序设计

```
        MOV     IE，#00H          ；禁止中断
        MOV     TMOD，#60H        ；设置计数器 1 为方式 2
        MOV     TH1，#9CH         ；保存计数初值
        MOV     TL1，#9CH         ；设置计数初值
        SETB    TR1              ；启动计数
DEL：   JBC     TF1，LOOP         ；查询计数溢出
        AJMP    DEL
LOOP：  INC     A                ；累加器加 1
        AJMP    DEL              ；循环返回
```

5.3.5　工作方式 3

当 M1M0＝11 时，定时/计数器处于工作方式 3，此时定时器的等效电路如图 5-6 所示。在工作方式 3 模式下，定时/计数器 1 的工作方式与之不同。方式 3 对定时器 T0 和定时器 T1 是不相同的。若 T1 设置为方式 3，则停止工作（其效果与 TR1=0 相同）。所以方式 3 只适用于 T0。

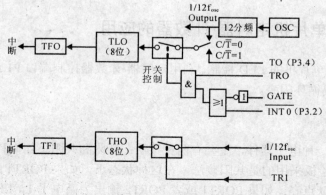

图 5-6　定时/计数器工作方式 3 等效电路

当 T0 工作在方式 3 时，TH0 和 TL0 分成 2 个独立的 8 位计数器。其中，TL0 既可用作定时器，又可用作计数器，并使用原 T0 的所有控制位及其定时器中断标志和中断源。TH0 只能用作定时器，并使用 T1 的控制位 TR1、中断标志 TF1 和中断源。

例：某用户系统中已使用了 2 个外部中断，并置定时器 T1 工作于模式 2，作串行口波特率发生器用。现要求再增加一个外部中断源并由 P1.2 输出一个 5kHz 的方波。f_{osc}＝12MHz。

解：为了不增加其他硬件开销，可设置 T0 工作于模式 3 计数方式，把 T0 的引脚作附加的外部中断输入端，TL0 的计数初值为 FFH，当检测到 T0 引脚由 1 至 0 的负跳变时，TL0 立即产生溢出，申请中断，相当于边沿触发的外部中断源。

T0 模式 3 下，TL0 作计数用，而 TH0 可用作 8 位的定时器，定时控制 P1.2 输出 5kHz 方波信号。

TL0 的计数初值为 FFH。

TH0 的计数初值：

P1.2 的方波频率为 5kHz，故周期 T＝1／5kHz＝0.2ms＝200μs。

所以用 TH0 定时 100μs，计数初值 T0＝256－100×12／12＝156。

程序如下：

```
MOV   TMOD, #27H        ; T0 模式 3，计数；T1 模式 2，定时
MOV   TL0, #0FFH        ; TL0 计数初值
MOV   TH0, #156         ; TH0 计数初值
MOV   TH1, #data        ; data 是根据波特率要求设置的常数
MOV   TL1, #data
MOV   TCON, #55H        ; 外部中断 0、1 边沿触发，启动 T0、T1
MOV   IE, #9FH          ; 开放全部中断
…
```

TL0 溢出中断服务程序（由 000BH 转来）；

```
TL0INT:
      MOV   TH0, #156    ; TH0 重赋初值
      CPL   P1.2         ; P1.2 取反输出
```

5.4　AT89S52 单片机定时器/计数器的应用

例 1：AT89S52 单片机的 LED 控制。利用定时器/计数器控制端口 P1 或者 P2 引脚相连的 LED 以 1s 为间隔循环闪亮。

解：

（1）原理分析

LED 是常用的一种电子器件，主要有两种接法：共阴和共阳。西南科技大学计算机学院研制的 CS-III 实验板采用的是共阳接法，在这种状态下，如果 PORT1 或者 PORT2 输出为低电平 0，则 LED 点亮；如果 PORT1 或者 PORT2 输出为高电平 1，LED 灭。LED 状态灯的原理如图 5-7 所示。

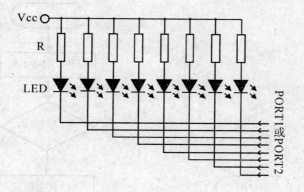

图 5-7 LED 状态灯原理图

单片机内部定时器采用加法计数，原理上就是计算标准时钟的个数。AT89S52 系统外部时钟采用 24MHz，经 2 分频后成为内部时钟信号，定时器的时钟采用内部时钟信号，因此，每定时 1s 时间需要计系统内部时钟 12 000 000 个，即为 2 000 000 个机器周期。需要定时多长就定时多少个机器周期即可，基本原理如图 5-8 所示。

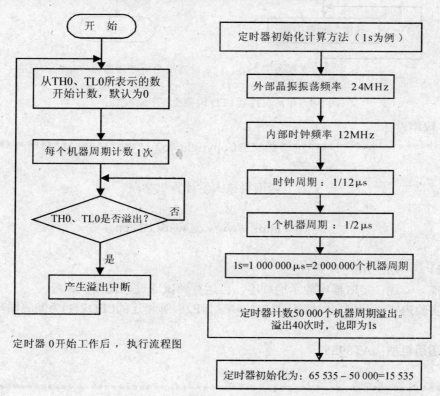

图 5-8 定时器程序的编写与执行基本原理

（2）单片机控制 LED 闪亮（程序流程图如图 5-11 所示）

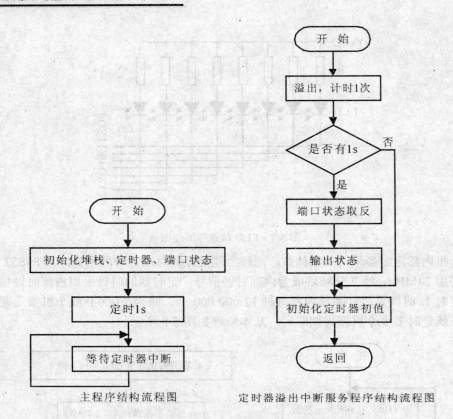

主程序结构流程图　　　　定时器溢出中断服务程序结构流程图

图 5-9　单片机控制 LED 闪亮的程序流程图

（3）程序设计

```
/******************************Copyright（c）**************************/
;  **
;  **                    西南科技大学计算机学院
;  **
;  **                    http://www.cs.swust.edu.cn
;  **
;  **    日    期：2007.5
;  **    描    述：定时器实验示例程序，已运行调试通过，仅提供参考。
;  **    实验内容：利用定时器/计数器控制端口P2引脚相连的LED以1s为间隔循环闪亮。
;  **
;  **    适用机型：AT89S52
;  **
*************************************************************************/
        count   equ r0              ; 定义定时器计数变量
        org     0000h               ; 程序起始入口
        ljmp    start               ; 主程序入口
```

```
        org   000bh              ; 定时器/计数器0中断入口
        ljmp  timer_over
        org   0030h              ; 跳过中断区
start:                           ; 主程序段
        mov   SP, #30H           ; 设置堆栈
        mov   count, #00h        ; 初始化计数值
        mov   a, #0ffh           ; 初始状态赋给a
        mov   P2, a              ; 输出初始状态
        mov   TL0, #0AFH         ; 置定时器初值
        mov   TH0, #03CH         ; 初值为0x3caf
        mov   TMOD, #01H         ; 设定定时器/计数器0工作方式为1
        setb  EA                 ; 允许中断
        setb  ET0                ; 允许定时器/计数器0溢出中断
        setb  TR0                ; 启动定时器/计数器0
loop:
        jmp   loop               ; 循环，等待中断


; 定时器/计数器0溢出中断服务程序
timer_over:
        inc   count              ; 计数值加1
        cjne  r0, #28h, next     ; 如果不到1s，继续等待
        mov   P2, a              ; 如果到1s，LED灯状态与上次相反
        mov   r0, #00h           ; 计数值清0，重0重新开始计数
        cpl   a                  ; a取反
        mov   count, #00h
next:
        mov   TL0，#0AFH          ; 重新设定时器/计数器0处值
        mov   TH0，#03CH
        reti                     ; 中断服务返回
        end
; ******************************end the file******************************
```

例 2：数码管显示控制。在数码管的各位每隔 1s 显示 0～F 这 16 个数。

解：

（1）原理分析

数码管内部为 8 个发光二极管，并排列为 8 字形，同时加一个位表示小数点，通过这 8 个发光二极管的合理组合，可以构成不同的数字字形和简单的字母字形。数码管引脚如图 5-10 所示。同时数码管还有一个位选信号，即 8 个数码管的公共端。数码管分为共阳和共阴两种，也就是说高电平选中或低电平选中。

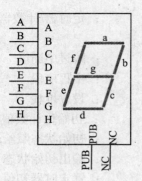

图 5-10　数码管引脚图

（2）数码管显示（控制流程图如图 5-11 所示）

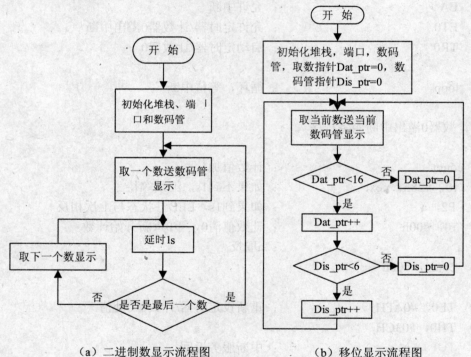

（a）二进制数显示流程图　　　　（b）移位显示流程图

图 5-11　数码管显示控制流程图

（3）程序设计

```
/****************************Copyright（C）****************************/
/**
; **                    西南科技大学计算机学院
; **
; **
; **                    http://www.cs.swust.edu.cn
; **
; **     日      期：2007.5
```

```
;  **      描    述：7 段数码管显示程序，本程序通过调试，仅供参考。
;  **      实验内容：在数码管的各位依次循环显示 0～F 共 10 个数
;  **      适用机型：ATAT89S52
;  **-------------------------------------------------------------------
;  **      端口描述：P1.5～P1.0：数码管片选信号，分别对应 6 个数据管
;  **              P0.0～P0.7：分别对应数码管 a～h 段
;  **      寄存器：  r7：保存当前显示数据的值 0～F
;  **              r6：保存当前显示数据的片选信号
;  **              r5：对定时器 0 中断次数计数，计满 40 次执行显示程序
;  ***********************************************************************/

        DisValue equ r7              ; 当前显示数据
        DisIndex equ r6              ; 当前显示数据片选信号
        Timer0InterCount equ r5      ; 对定时器 0 中断次数计数
        org    0000H
        ajmp START
        org    000BH
        ajmp TIMER0INTER
        org    0030H
/**********************************************************************
名称：主程序
功能：应用程序入口
**********************************************************************/
START:
        mov    sp, #30H             ; 改变堆栈起始地址
        mov    DisIndex, #0FEH      ; 初始化在第 0 位上显示
        mov    DisValue, #00H       ; 初始化显示第 0 个数据
        mov    Timer0InterCount, #00H  ; 初始化定时器 0 中断次数计数器
        mov    DPTR, #DisTable      ; 初始化显示数据地址
        acall  Timer0Init           ; 初始化定时器
        sjmp   $


/**********************************************************************
名称：定时器初始化程序
功能：定时 25ms 晶振 24MHz 机器周期 0.5μs 定时 50 000 次 初值 3CB0H
**********************************************************************/
Timer0Init:
        mov    TL0，#0B0H
        mov    TH0，#03CH            ; 定时器初值
```

```
        mov    TMOD，#01H                  ; 工作方式 1
        setb   ET0                         ; 开定时器 0 中断允许
        setb   EA                          ; 开全局中断
        setb   TR0                         ; 开定时器 0
        ret
/******************************************************************
名称：数码管显示程序
功能：在数码上依次显示一个数
******************************************************************/
DisData:
        mov    A，DisValue                 ; 准备显示数据
        movc   A，@A+DPTR
        mov    P0，A                       ; 送数据显示码
        mov    P1，DisIndex                ; 送数码管片选数据
        inc    DisValue                    ; 准备下一次的显示数据
        cjne   DisValue，#10H，NextDis     ; 未显示完 16 个数，继续显示下一个数
        mov    DisValue，#00H              ; 显示完 16 个数，从第 0 个显示
NextDis:
        mov    A，DisIndex                 ; 取当前显示位
        rl     A                           ; 循环左移一位
        cjne   A，#0BFH，NextIndex         ; 6 个数码管未显示完毕则跳转
        mov    DisIndex，#0FEH             ; 否则重新初始化位选信号循环显示
        ajmp   ExitDis
NextIndex：
        mov    DisIndex，A                 ; 选中下一个数码管
ExitDis：
        ret
/******************************************************************
名称：定时器 0 中断服务子程序
功能：显示数码管
******************************************************************/
TIMER0INTER：
        inc    Timer0InterCount            ; 定时器中断次数加 1
        cjne   Timer0InterCount，#28H，ReInit ; 没有 40 次中断则继续定时不显示
        acall  DisData                     ; 否则调用显示程序显示数据
        mov    Timer0InterCount，00H       ; 清零中断次数计数器
ReInit:
        mov    TL0，#0B0H
        mov    TH0，#03CH
```

```
        reti
;   ***********************************************************
;        0～F 数码管显示数据：入口地址：DisTable
;   ***********************************************************
DisTable：
;        0    1    2    3    4    5    6    7
    db 0x3f，0x06，0x5b，0x4f，0x66，0x6d，0x7d，0x07
;        8    9    A    B    C    D    E    F
    db 0x7f，0x6f，0x77，0x7c，0x39，0x5e，0x79，0x71
END
;   ********************** end the file *********************/
```

【本章小结】

　　单片机的定时/计数器是单片机常用的一个重要功能。在日常生活中，比如 LED 显示器的控制、家用电器的控制、电子时钟的控制，都要用到这个功能。学习完这一章，在掌握了定时/计数器的基本原理后，能够熟练编写定时/计数程序，做到学以致用。

5.5　习题

　　1．AT89S52 单片机内设有几个定时/计数器？它们由哪些专用寄存器构成？其地址分别是多少？

　　2．定时/计数器用作定时器时，其计数脉冲由谁提供？定时时间与哪些因素有关？定时/计数器用作定时器时，对外界计数频率有何限制？

　　3．一个定时器的定时时间有限，如何实现两个定时器的串行定时，来实现较长时间的定时？

　　4．AT89S52 单片机的定时/计数器有哪几种工作方式？各有什么特点？

　　5．如果采用晶振的频率为 6MHz，定时器/计数器工作在方式 0、1、2 下，其最大的定时时间为多少？

　　6．编写程序，要求使用 T0，采用方式 2 定时，在 P1.0 输出周期为 400μs，占空比为10：1 的矩形脉冲。

第 6 章　AT89S52 单片机串行接口

【教学目的】

本章主要讲解单片机串行通信原理和串行接口的使用方法，要求学生能够设计简单的串行接口，并能够通过串行接口完成数据传输。

【教学要求】

本章主要学习 AT89S52 单片机中串行接口的基本结构和基本原理，了解波特率的计算方法，掌握 AT89S52 单片机串行接口控制方法，能根据系统需要选择合理的工作方式，完成串行数据的传输。

【重点难点】

本章重点是掌握串行通信的基本概念，串行口特殊功能寄存器；难点是串行口特殊功能寄存器设置和单片机多机通信原理的掌握。

【知识要点】

本章的重要知识点有串行通信的概述及基本概念，串行接口特殊功能寄存器的设置，串行工作方式及应用，多机通信原理等。

6.1　串行通信概述

通常把计算机与外界的数据传送称为通信。计算机的通信一般有两种方式：并行通信和串行通信。并行通信使用几条数据线，将数据分段同时进行传输，传输速度快，信息率高，但传送距离较短。在长距离通信中，出于通信线路和中继设备成本的考虑，常常采用串行通信方式，串行通信广泛应用在单片机系统与系统和外围设备之间的数据传输过程中。

6.1.1　并行通信和串行通信

在数据传输时，如果一个数据编码字符的所有各位都同时发送、并排传输，又同时被接收，则将这种传送方式称为并行通信方式。并行通信方式如图 6-1 所示。

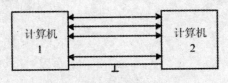

图 6-1　并行通信方式

在数据传输时，如果一个数据编码字符的所有各位不是同时发送，而是按一定顺序，一位接着一位在信道中被发送和接收，则将这种传送方式称为串行通信方式。串行通信方式如图 6-2 所示。

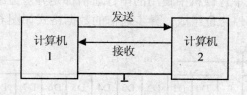

图 6-2　串行通信方式

可见，并行方式可一次同时传送 N 位数据，而串行方式一次只能传送一位。并行传送的线路复杂（需要 N 根数据线），串行传送的线路简单（只需要 1～2 根数据线）。并行方式常用于短距离通信，传输的速度快，串行传送主要用于计算机与远程终端之间的数据传送，也很适合于经由公共电话网连接的计算机之间的通信。另外在某些场合，串行接口也可代替并行接口来控制外设，以节省软硬件资源，简化线路。

6.1.2　串行通信的基本方式

串行通信主要用于单片机与外部其他计算机系统和外设之间的数据传输，以形成一个集检测、控制、管理为一体的计算机控制网络。随着单片微机应用范围的不断拓宽，单台仪器仪表或控制器往往会带有不止一个的单片微机，而多个智能仪器仪表或控制器在单片微机应用系统中又常常会构成一个上层由 PC 机进行集中管理的分布式采集、控制系统。单片微机的通信功能也随之得到发展。

串行通信通常使用 3 根线完成：地线、发送线和接收线。串口通信最重要的参数是波特率、数据位、停止位和奇偶校验。对于两个进行通信的端口，这些参数必须匹配。

1．波特率

串行通信的数据是按位进行传送的，一般将机器每秒钟传送的二进制数码的位数称为波特率（在无调制的情况下，波特率精确等于比特率。采用调相技术时，波特率不等于比特率。在这里波特率等于比特率），单位为 bps（bit per second），即位/秒，比如 1 秒钟传送 1 位，就是 1 波特。它是串行通信的重要指标，用于说明数据传送的快慢。

串行通信常用的标准波特率为 600、1200、2400、4800、9600、19 200 等等。假若数据传送速率为 120 字符/秒，而每一个字符帧已规定为 10 个数据位，则传输速率为 $120 \times 10 = 1200$ 位/秒，即波特率为 1200，每一位数据传送的时间为波特率的倒数：

$$T = 1/1200 = 0.833\text{ms}$$

2．异步通信和同步通信

在数据通信中，要保证发送的信号在接收端能被正确地接收，必须采用同步技术。常用的同步技术有两种方式，异步通信和同步通信。

（1）异步通信

异步通信是以字符为单位组成字符帧传送的。发送端和接收端可以由各自的时钟来控制发送和接收，这两个时钟彼此独立，不需同步。字符帧由发送端一帧一帧地发送，通过传输线由接收设备一帧一帧地接收。异步通信的双方在通信时，需要约定字符格式和传送速率，只有采用相同的方式，双方才可以通信。在异步通信中，字符间隔不固定，只需字符传送时同步即可。在单片微机中使用的串行通信都是异步方式。每一字符帧由起始位、数据位、奇偶校验位和停止位组成，异步通信的数据格式如图6-3所示。

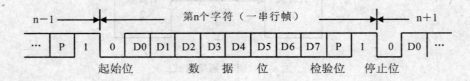

图6-3　异步通信数据格式

起始位：起始位通常用"0"表示，位于字符帧开头，用于开始接收数据或用来调整时钟。当串口通信没有开始进行数据传送时，始终处于逻辑"1"电平，当接收端检测到连续多个"1"后又检测到一个"0"时，说明发送端开始发送数据，接收端准备接收数据。

数据位：数据位通常包括5～8位数据，紧跟在起始位之后，先发送低位，后发送高位。

奇偶校验位：奇偶校验位用来检验数据传输过程中的正误，通信双方在通信时约定一致的奇偶校验方式，用于校验有限的差错，也可省略。通常位于数据位之后，只占一位。

停止位：停止位通常用"1"表示，便于接收端辨识下一帧数据的起始位。位于字符帧末尾，为逻辑高电平，可以是1位、1.5位或2位，用于标志字符帧的结束。

（2）同步通信

用同步通信方式传输数据块时，将需要传送的字符顺序连接起来组成一个数据块，在数据块前面加上特殊的同步字符作为数据块的起始符号，接收端接收到同步字符后，开始接收数据块，使收/发双方同步。在数据块后面加上校验字符，用于校验通信中的错误。

同步字符是一个或两个8位二进制码，可以采用统一标准格式，也可以由用户自行约定。同步通信的收/发方必须采用相同的同步字符。同步通信中字符间无间隔，也不用起始位和停止位，因此传送速率高，可以方便地实现某一通信协议要求的帧格式。但硬件复杂，在单片机中一般不使用，同步通信的数据格式如图6-4所示。

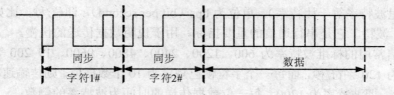

图6-4　同步通信数据格式

3．串行通信的制式

串行通信中包含三种制式：单工方式、半双工方式、全双工方式。

（1）单工方式

单向传送数据，通信双方中一方固定为发送端，另一端固定为接收端。只需要一条数据线，其原理如图6-5（a）所示。

（2）半双工方式

半双工方式要求通信的双方均具有发送和接收信息的能力，信道也具有双向传输性能，但是，通信的任何一方都不能同时既发送信息又接收信息，即在指定的时刻，只能沿某一个方向传送信息。其原理如图 6-5（b）所示。

（3）全双工方式

数据双向传送，且可以同时发送和接收，需要两条数据线。要求两端的通信设备具有完整和独立的发送、接收功能，其原理如图 6-5（c）所示。

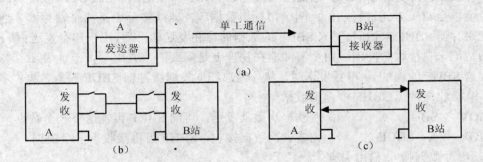

图 6-5　串行通信制式

6.2　AT89S52 单片机串行接口

AT89S52 单片机内部的串行接口是全双工的，即它能同时发送和接收数据。发送缓冲器只能写入不能读出，接收缓冲器只能读出不能写入。串行口还有接收缓冲作用，即从接收寄存器中读出前一个已收到的字节之前就能开始接收第二字节。

6.2.1　AT89S52 单片机串行口的结构

AT89S52 单片机 P3.0 是串行输入线，P3.1 是串行输出线，有三个寄存器与串行口相连。PCON 寄存器的最高位决定串行信号的速率，SCON 决定串行口工作方式和其他功能，串行通信主要进行数据传送和数据转换。串行口的结构如图 6-6 所示。

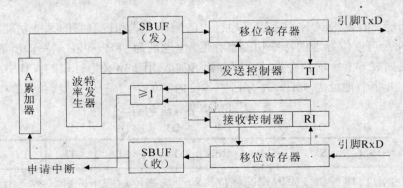

图 6-6　串行口的结构

1．波特率发生器

主要由 T1、T2 及内部的一些控制开关和分频器所组成。它提供串行口的时钟信号 TXCLOCK（发送时钟）和 RXCLOCK（接收时钟）。相应的控制波特率发生器的特殊功能寄存器有 TMOD、TCON、T2CON、PCON、TL1、TH1、TL2、TH2 等。

2．串行数据缓冲寄存器 SBUF

串行数据缓冲寄存器 SBUF 包括接收缓冲器 SBUF 和发送缓冲器 SBUF，以便 AT89S52 单片机能以全双工方式进行通信。两个串行口数据缓冲器（实际上是两个寄存器）通过特殊功能寄存器 SBUF 来访问。写入 SBUF 的数据储存在发送缓冲器，用于串行发送；从 SBUF 读出的数据来自接收缓冲器。两个缓冲器在物理上是隔离的，共用一个地址 99H（特殊功能寄存器 SBUF 的地址）。串行发送时，从片内总线向发送缓冲器 SBUF 写入数据；串行接收时，从接收缓冲器 SBUF 中读出数据。

```
MOV    SBUF，A        ；启动一次数据发送，可向 SBUF 再发送下一个数据
MOV    A，SBUF        ；完成一次数据接收，SBUF 可再接收下一个数据
```

3．串行数据输入/输出引脚

接收方式下，串行数据从 RXD（P3.0）引脚输入。串行口内部在接收缓冲器之前还有移位寄存器，从而构成了串行接收的双缓冲结构，可以避免在数据接收过程中出现帧重叠错误，即在下一帧数据来时，前一帧数据还没有读走。

在发送方式下，串行数据通过 TXD（P3.1）引脚输出。

4．串行口控制逻辑

发送控制器在波特率作用下，将发送 SBUF 中的数据由并行转换成串行，一位位地传输到发送端口；接收控制器在波特率作用下，将接收端口的数据由串行转换成并行，存入接收 SBUF。

串行口控制逻辑根据来自波特率发生器的时钟信号——TXCLOCK（发送时钟）和 RXCLOCK（接收时钟）接收/发送数据。无论是否采用中断方式工作，每接收/发送一个数据都必须用软件对 RI/TI 清 0，以备下一次收/发。

6.2.2　串行口控制寄存器 SCON

特殊功能寄存器 SCON 用于定义串行口的操作方式和控制它的某些功能，字节地址为 98H。SCON 是可以位寻址的特殊功能寄存器，位地址为 98H～9FH。特殊功能寄存器 SCON 各位的意义如表 6-1 所示。特殊功能寄存器 SCON 用于定义串行口的操作方式和控制它的某些功能。其字节地址为 98H。寄存器中各位内容如下：

表 6-1　SCON 寄存器各位定义

D7	D6	D5	D4	D3	D2	D1	D0
SM_0	SM_1	SM_2	REN	TB8	RB8	TI	RI

SM0，SM1：串行口操作方式选择位，两个选择位对应于四种状态，串行口能以四种方式工作，见表 6-2。

表 6-2　串行口方式选择

SM0	SM1	方　式	功 能 说 明	波 特 率
0	0	0	移位寄存器方式	$f_{osc}/12$
0	1	1	8位UART	可变
1	0	2	9位UART	$f_{osc}/64$ 或 $f_{osc}/32$
1	1	3	9位UART	可变

SM2：串行口多机通信控制位。SM2=1：如果接收的一帧数据的第 9 位为 1，且原 RI =0，则硬件置 RI=1，接收数据有效；如果第 9 位为 0，则 RI 不置 1，接收数据无效。SM2=0：只要接收完一帧数据，不管第 9 位为 1 还是 0，硬件都置 RI=1，接收数据有效。多机通信时，SM2 必须置 1；双机通信，SM2 通常置 0。REN：允许串行接收位。由软件置位以允许接收，由软件清 0 来禁止接收。

REN：串行口接收允许控制位。REN = 1 表示允许接收；REN = 0 禁止接收。

TB8：方式 2 和方式 3 中要发送的第 9 位数据。在通信协议中，常规定 TB8 作为奇偶校验位。多机通信中，TB8 用来表示串行帧是地址帧还是数据帧。该位通常用软件进行置位或者清除。

RB8：是方式 2 和 3 中已接收到的第 9 位数据。在方式 1 中，若 SM2=0，RB8 是接收到的停止位。在方式 0 中，不使用 RB8 位。

TI：发送中断标志。在方式 0 中当串行发送完第 8 位数据时由硬件置位。在其他方式中，则在发送停止位的开始时由硬件置位。当 TI=1 时，申请中断，CPU 响应中断后，发送下一帧数据。在任何方式中，该位都必须由软件清 0。

RI：接收中断标志。在方式 0 中串行接收到第 8 位结束时由硬件置位。在其他方式中，在接收到停止位的中间时刻由硬件置位。RI=1 时申请中断，要求 CPU 取走数据。但在方式 1 中，当 SM2=1 时，若未接收到有效的停止位，则不会对 RI 置位。在任何工作方式中，该位都必须由软件清 0。

6.2.3　电源控制寄存器 PCON

电源控制寄存器 PCON 仅有几位有定义，最高位 SMOD 与串行口控制有关，其他位与掉电方式有关。寄存器 PCON 的地址为 87H，只能字节寻址，没有位寻址功能。寄存器中各位内容如表 6-3 所示。

表 6-3　PCON 寄存器各位定义

D7	D6	D5	D4	D3	D2	D1	D0
SMOD				GF1	GF0	PD	TDL

SMOD：波特率加倍控制位，SMOD=1，波特率加倍；SMOD=0，则不加倍。复位时的 SMOD 值为 0。可用 MOV　PCON, #80H 或 MOV　87H, #80H 指令使该位置 1。

GF1、GF0：用户可自行定义使用的通用标志位。

PD：掉电方式控制位。

IDL：待机方式（空闲方式）控制位。

6.3 串行接口工作方式

AT89S52 单片机的串行口有方式 0、方式 1、方式 2、方式 3 四种工作方式。

6.3.1 串行口方式 0——同步移位寄存器方式

串行口的工作方式 0 为移位寄存器输入输出方式，可外接移位寄存器，以扩展 I/O 口，也可外接同步输入输出设备。方式 0 发送或接收完 8 位数据后由硬件置位发送中断标志 TI 或接收中断标志 RI。但 CPU 响应中断请求转入中断服务程序时并不清 TI 或 RI。因此，中断标志 TI 或 RI 必须由用户在程序中清 0（CLR　TI 或 CLR　RI 指令）。以方式 0 工作时 SM2 位（多机通信制位）必须为"0"。

1. 方式 0 发送

串行数据从 RXD 引脚输出，TXD 引脚输出移位脉冲。CPU 将数据写入发送寄存器（SBUF）时，立即启动发送，将 8 位数据以 $f_{osc}/12$ 的固定波特率从 RXD 输出，低位在前，高位在后，直至最高位（D7 位）数字移出后，停止发送数据和移位时钟脉冲。方式 0 的发送时序如图 6-7 所示。

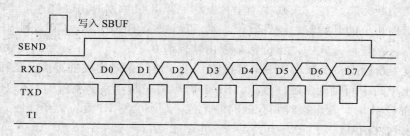

图 6-7 方式 0 的发送时序

发送完一帧数据后，发送中断标志 TI 由硬件置位，就申请中断。若 CPU 响应中断，则从 0023H 单元开始执行串行口中断服务程序，通过如下程序实现：

```
MOV   SCON, #00H      ；串行口方式 0
MOV   SBUF, A         ；将数据送出
JNB   TI, $           ；等待数据发送完毕
```

2. 方式 0 接收

方式 0 接收前，务必先置位 REN=1，允许接收数据。此时，RXD 为串行数据输入端，TXD 仍为同步脉冲移位输出端。当 RI=0 和 REN=1 同时满足时，就会启动一次接收过程。接收器以 $f_{osc}/12$ 的固定波特率接收 TXD 端输入的数据。当接收到第 8 位数据时，将数据移入接收寄存器，并由硬件置位 RI，向 CPU 申请中断，方式 0 的接收时序如图 6-8 所示。

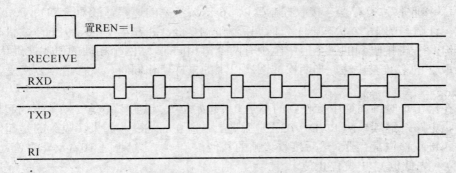

图 6-8 方式 0 的接收时序

CPU 响应中断后,用软件使 RI 清 0,使移位寄存器开始接收下一帧数据,CPU 执行读 SBUF 指令,数据经由内部总线进入 CPU。

```
MOV    SCON,#00H        ;串行口方式 0
MOV    SBUF,A           ;将数据送出
JNB    TI,$             ;等待数据发送完毕
```

6.3.2 方式 1——8 位 UART 方式

当 SM0＝0、SM1＝1 时,串行口选择方式 1,单片机工作于 8 位数据异步通信方式 (UART)。在方式 1 时,传送一帧信息为 10 位,即 1 位起始位(0),8 位数据位(低位在先)和 1 位停止位(1)。数据传输波特率由定时器/计数器 T1 和 T2 的溢出决定,可用程序设定。当 T2CON 寄存器中的 RCLK 和 TCLK 置位时,采用 T2 作为串行口接收和发送的波特率发生器。而当 RCLK 和 TCLK 都为零时,采用 T1 作为串行口接收和发送的波特率发生器。由 TXD(P3.1)引脚发送数据,由 RXD(P3.0)引脚接收数据。

1. 方式 1 发送

当 CPU 执行 MOV A,SBUF 指令将数据写入发送缓冲 SBUF 时,就启动发送。先把起始位输出到 TXD,然后把移位寄存器的输出位送到 TXD。接着发出第一个移位脉冲 (SHIFT),使数据右移一位,并从左端补入 0。此后数据将逐位由 TXD 端送出,而其左面不断补入 0。发送完一帧数据后,就由硬件置位 TI。方式 1 的发送时序如图 6-9 所示。

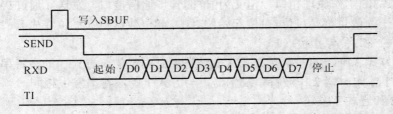

图 6-9 方式 1 的发送时序

2. 方式 1 接收

当 REN＝1 且清除 RI 后,若在 RXD(P3.1)引脚上检测到一个 1 到 0 的跳变,立即启动一次接收。同时,复位 16 分频计数器,使输入位的边沿与时钟对齐,并将 1FFH(即

9 个 1）写入接收移位寄存器。接收控制器以 16 倍波特率的速率继续对 RXD（P3.1）引脚进行检测，计数器的 16 个状态把 1 位时间等分成 16 份，并在第 7、8、9 个计数状态时采样 RXD 的电平，当接收到的三个值中至少有两个值相同时，这两个相同的值才被确认接收，即采用 3 取 2 的多数表决法，当两次或两次以上的采样值相同时，采样值予以接受，可抑制噪声。

如果在第 1 个时钟周期中接收到的不是 0（起始位），说明它不是一帧数据的起始位，则复位接收电路，继续检测 RXD（P3.1）引脚上 1 到 0 的跳变。如果接收到的是起始位，就将其移入接收移位寄存器，然后接收该帧的其他位。一帧信息也是 10 位，即 1 位起始位，8 位数据位（先低位），1 位停止位。

接收到的位从右边移入，原来写入的 1 从左边移出，当起始位移到最左边时，接收控制器将控制进行最后一次移位，把接收到的 9 位数据送入接收数据缓冲器 SBUF 和 RB8，并置位 RI。进行最后一次移位时必须满足两个条件：

（1）RI＝0，上一帧数据接收完成时发出的中断请求已被响应，SBUF 中数据已被取走。

（2）SM2＝0 或接收到的停止位为 1。

若以上两个条件中有一个不满足，将不可恢复地丢失接收到的这一帧信息；如果满足上述两个条件，则数据位装入 SBUF，停止位装入 RB8 且置位 RI。中断标志 RI 必须由用户在中断服务程序中清 0。方式 1 的接收时序如图 6-10 所示。

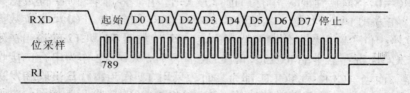

图 6-10　方式 1 的接收时序

6.3.3　方式 2 和方式 3——9 位数据异步通信方式

当SM0＝1、SM1＝0时，串行口选择方式2；当SM1＝1、SM0＝1时，串行口选择方式 3。方式2和方式3的工作原理相似，定义为9位的异步通信接口，发送（通过TXD）和接收（通过RXD）一帧信息都是11位，1位起始位（0）、8位数据位（低位在先）、1位可编程位（即第9位数据）和1位停止位（1）。

方式 2 和方式 3 唯一的差别是方式 2 的波特率是固定的，方式 3 的波特率是可变的。均利用定时器 1 或定时器 2 作波特率发生器，与方式 1 的波特率发生相同。

1. 方式 2 和方式 3 发送

方式2和方式3发送的串行数据由TXD端输出，第9位附加数据来自SCON寄存器的TB8位，用软件置位或复位。它可作为多机通信中地址/数据信息的标志位，也可以作为数据的奇偶校验位。当CPU执行一条数据写入SUBF的指令时，就启动发送器发送。把一个起始位（0）放到TXD端，经过一位时间后，数据由移位寄存器送到TXD端，通过第一位数据，出现第一个移位脉冲。在第一次移位时，把一个停止位"1"由控制器的停止位送入移位寄存器的第9位。此后，每次移位时，把0送入第9位。因此，当TB8的内容移到位寄存器的输出位置时，其左面一位是停止位"1"，再往左的所有位全为"0"。这种状态由零检测器检测到后，就通知发送控制器作最后一次移位，然后置TI=1，请求中断。方式2和方式3的发送时序如图6-11所示。

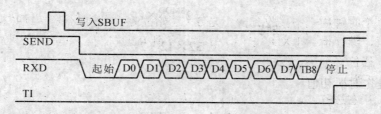

图 6-11　方式 2 和方式 3 的发送时序

2．方式 2 和方式 3 接收

REN=1，允许接收。串行口采样RXD引脚，接收过程由RXD端检测到负跳变时开始。当检测到负跳变，16分频计数器就立即复位，同时把1FFH写入输入移位寄存器，计数器的16个状态把一位时间等分成16份，在每一位的第7、8、9个状态时，位检测器对RXD端的值采样，如果所接收到的起始位不是0，则复位接收电路等待另一个负跳变的来到，若起始位有效，则起始位移入输入移位寄存器，并开始接收这一帧的其余位。当起始位0移到最左面时，通知接收控制器进行最后一次移位。在接收到附加的第9位数据后，当（RI）=0或者（SM2）=0时，第9位数据才进入RB8，8位数据才能进入接收寄存器，并由硬件置位中断标志RI；否则信息丢失，且不置位RI。再过一位时间后，不管上述条件是否满足，接收电路自行复位，并重新检测RXD上从1到0的跳变。

方式2和方式3与方式1在接收上的不同，方式2和方式3装入RB8的是第9位数据，而不是停止位，方式1中装入RB8的是停止位。方式2和方式3的接收时序如图6-12所示。

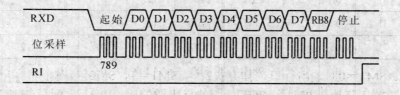

图 6-12　方式 2 和方式 3 的接收时序

6.3.4　波特率的计算

波特率反映串行口传输数据的速率，它取决于振荡频率、PCON寄存器的SCON位以及定时器的设定。在串行通信中，收发双方的数据传送率（波特率）要遵循一定的约定。AT89S52串行口的四种工作方式中，方式0和2的波特率是固定的，而方式1和3的波特率是可变的，由定时器的溢出率控制。

方式0为固定波特率：波特率=$f_{osc}/12$

方式2可选两种波特率：波特率=（$2^{SMOD}/64$）×f_{osc}

当SMOD=1时，波特率=$f_{osc}/32$；

当SMOD=0时，波特率=$f_{osc}/64$。

方式1、3为可变波特率，用T1作波特率发生器。

波特率=（$2^{SMOD}/32$）×T1溢出率，T1溢出率为T1溢出一次所需时间的倒数。

$$波特率 = \frac{2^{SMOD} \times f_{osc}}{32 \times 12\,(2^n - X)}$$

其中：X 是定时器初值

$$初值\ X = 2^n - \frac{2^{SMOD} \times f_{osc}}{32 \times 波特率 \times 12}$$

常用波特率和T1初值如表6-4所示。

表 6-4   由 T1 产生的常用波特率值

波特率	f_{osc} MHz	SMOD	T1			波特率	f_{osc} MHz	SMOD	T1		
			C/$\overline{T}$	模式	重装值				C/$\overline{T}$	模式	重装值
4800	16	1	0	2	EFH	2400	16	0	0	2	EFH
2400	16	1	0	2	DDH	1200	16	0	0	2	DDH
1200	16	1	0	2	BBH	600	16	0	0	2	BBH
600	16	1	0	2	75H	300	16	0	0	2	75H
4800	12	1	0	2	F3H	2400	12	0	0	2	F3H
2400	12	1	0	2	E6H	1200	12	0	0	2	E6H
1200	12	1	0	2	CCH	600	12	0	0	2	CCH
600	12	1	0	2	98H	300	12	0	0	2	98H
300	12	1	0	2	30H	110	12	0	0	2	FEEBH
56 800	11.0592	1	0	2	FFH	9600	11.0592	0	0	2	FDH
19 200	11.0592	1	0	2	FDH	4800	11.0592	0	0	2	FAH
9600	11.0592	1	0	2	FAH	2400	11.0592	0	0	2	F2H
4800	11.0592	1	0	2	F4H	1200	11.0592	0	0	2	E8H
2400	11.0592	1	0	2	E8H	600	11.0592	0	0	2	D0H
1200	11.0592	1	0	2	D0H	300	11.0592	0	0	2	A0H
600	11.0592	1	0	2	A0H	1200	6	0	0	2	F3H
300	11.0592	1	0	2	40H	110	6	0	0	2	72H

例：计算波特率。要求用T1工作于方式2来产生波特率2400，已知晶振频率=12MHz。

解：求出T1的初值：

$$初值\ X = 2^8 - \frac{2^0 \times 12 \times 10^6}{32 \times 2400 \times 12}$$

$$= 256 - \frac{12 \times 10^6}{921600}$$

$$\approx 243 = 0F3H$$

6.3.5 多机通信

在集散式分布系统中，往往采用一台主机和多台从机。其中主机发送的信息可以被各个从机接收，而各从机的信息只能被主机接收，从机与从机之间不能互相直接通信。

在串行口控制寄存器SCON中，设有多处理机通信位SM2。当串行口以方式2或方式3接收时，若SM2＝1，只有当接收到的第9位数据（RB8）为1时，才将数据送入接收缓冲器SBUF，并使RI置1，申请中断，否则数据将丢弃；若SM2＝0，则无论第9位数据RB8是1还是0，都能将数据装入SBUF，并且发送中断。利用这一特性，便可实现主机与多个从机之间的串行通信。图6-13为多机通信连线示意图，系统中左边为主机，其余的为1～n号从机，并保证每台从机在系统中的编号是唯一的。

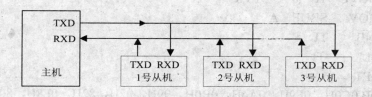

图 6-13   多处理机通信连接

系统初始化时，将所有从机中的SM2位均设置为1，并处于允许串行口中断接收状态。主机欲与某从机通信，先向所有从机发出所选从机的地址，从机地址符合后，接着才发送命令或数据。在主机发地址时，置第9位数据（RB8）为1，表示主机发送的是地址帧；当主机呼叫某从机联络正确后，主机发送命令或数据帧时，将第9位数据（RB8）清0。各从机由于SM2置1，将响应主机发来的第9位数据（RB8）为1的地址信息。从机响应中断后，若从机的地址与主机点名的地址不相同，则该从机将继续维持SM2为1，从而拒绝接收主机后面发来的命令或数据信息，不会产生中断，而等待主机的下一次点名。若从机的地址与主机点名的地址相同，该从机将本机的SM2清0，继续接收主机发来的命令或数据，响应中断。这样，保证实现主机与从机间一对一的通信。

6.4 串行接口编程和应用

例1：利用串行口工作方式0扩展出8位并行I/O口，其中74LS164是串入并出芯片，驱动共阳LED数码管显示0～9。

解：LED数码管应用较为广泛，其内部为8个发光二极管，排列为8字形，同时加一位表示小数点，通过这8个发光二极管的合理组合，可以构成不同的数字字形和简单的字母字形，同时数码管还有一个位选信号。即8个数码管的公共端，数码管分为共阳和共阴两种，也就是说高电平选中或低电平选中。基本原理如图6-14所示。

共阳LED数码管，公共端接高电平，数据位置为低电平，要显示"0"，a、b、c、d、e、f为"0"电平，g、h为"1"电平就可以了，因此只需要扫描0C0H字符即可。同理，可以作出1~9等其他几个数据的编码。

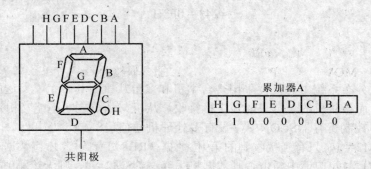

图 6-14　LED 编码原理图

显示0~9数字的子程序如下所示：

```
DSPLY: MOV    DPTR, #TABLE
       MOVC   A, @A+DPTR
       MOV    SBUF, A
       JNB    TI, $
       CLR    TI
       RET
TABLE: DB 0C0H, 0F9H, 0A4H, 0B0H, 99H, 92H, 82H, 0F8H, 80H, 90H; 0~
```
9 的数字编码

例2：发送程序。将片内RAM 50H起始单元的16个数由串行口发送。要求发送波特率为系统时钟的32分频，并进行奇偶校验。

解：根据题目要求，程序清单如下：

```
MAINT: MOV    SCON，#80H        ；串行口初始化
       MOV    PCON，#80H        ；波特率
       SETB   EA
       SETB   ES               ；开串行口中断
       MOV    R0，#50H          ；设数据指针
       MOV    R7，#10H          ；数据长度
LOOP:  MOV    A，@R0            ；取一个字符
       MOV    C, P             ；加奇偶校验
       MOV    TB8, C
       MOV    SBUF, A          ；启动一次发送
HERE:  SJMP   HERE             ；CPU执行其他任务
```

```
        ORG     0023H                   ;串行口中断入口
        AJMP    TRANI
TRANI:  PUSH    A                       ;保护现场
        PUSH    PSW
        CLR     TI                      ;清发送结束标志
        DJNZ    R7，NEXT                ;是否发送完
        CLR     ES                      ;发送完，关闭串行口中断
        SJMP    TEND
NEXT:   INC     R0                      ;未发送完，修改指针
        MOV     A，@R0                  ;取下一个字符
        MOV     C，P                    ;加奇偶校验
        MOV     TB8，C
        MOV     SBUF，A                 ;发送一个字符
        POP     PSW                     ;恢复现场
        POP     A
TEND:   RETI                            ;中断返回
```

例3：接收程序。将接收的16个字节数据送入片内RAM40H～4FH单元中。设串行口以方式3工作，波特率为2400。定时器／计数器1用作波特率发生器，工作于方式2，SMOD＝0，计数常数为F4H。

解：根据要求设置相关的参数，程序清单如下：

```
        RECS:   MOV     SCON，#0D0H      ;串行口方式3允许接收
                MOV     TMOD，#20H       ;T1方式2定时
                MOV     TL1，#0F4H       ;写入T1时间常数

                MOV     TH1，#0F4H
                SETB    TR1             ;启动T1
                MOV     R0，#40H         ;设数据指针
                MOV     R7，#10H         ;接收数据长度
        WAIT:   JBC     RI，NEXT         ;等待串行口接收
                SJMP    WAIT
        NEXT:   MOV     A，SBUF          ;取一个接收字符
                JNB     P，COMP          ;奇偶校验
                JNB     RB8，ERR         ;P≠RB8，数据出错
                SJMP    RIGHT           ;P=RB8，数据正确
        COMP:   JB      RB8，ERR
        RIGHT:  MOV     @R0，A           ;保存一个字符
                INC     R0              ;修改指针
                DJNZ    R7，WAIT         ;全部字符接收完
                CLR     F0              ;F0 =0，接收数据全部正确
                RET
```

ERR: SETB　F0　　　　　　　　　　　　　　　;F0 =1，接收数据出错
　　　　RET

例4：双机通信。如图6-15所示，将两块CS-III单片机实验板相连接，设置波特率为9600，连接发送机和接收机的TXD和RXD口，使发送机的TXD口与接收机的RXD口相连，接收机的RXD口与发送机的TXD口相连，并且连接两机的接地端。

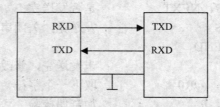

图 6-15　双机通信系统

解：串口通信应用一般需要正确设置串口的工作方式，计算波特率，完成波特率设置的初始化和串行口初始化，以及相关的寄存器设置。串行通信的流程图如图6-16（a）所示。

（1）发送程序。设置串口工作方式3，T/C2波特率为9600。发送程序的流程如图6-16（b）所示。

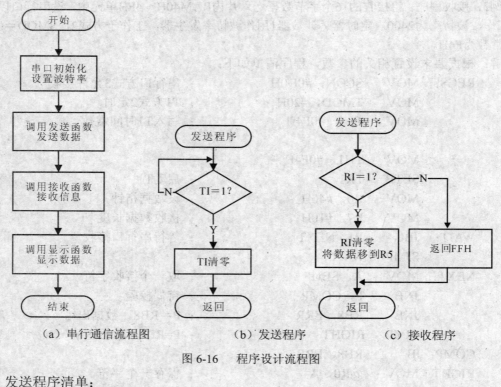

（a）串行通信流程图　　　　　（b）发送程序　　　　　（c）接收程序

图 6-16　程序设计流程图

发送程序清单：
/***************************Copyright （c）***************************/
/**
; **　　　　　　　　　　　西南科技大学计算机学院

第 7 章　存储器和接口扩展

【教学目的】

本章主要介绍存储器扩展技术掌握单片机总线构造及存储器结构，掌握存储器类型及对应芯片型号，能够将给定的存储器芯片按要求设计内存，深刻理解存储器的构成原理。

【教学要求】

本章要求了解怎样构成单片机的最小系统，掌握单片机片外程序存储器和片外数据存储器的扩展方法，掌握系列单片机 I/O 接口的扩展方法。

【重点难点】

本章重点是学习和掌握单片机最小系统的构成，单片机片外程序存储器和片外数据存储器的扩展方法，片机 I/O 接口的扩展方法，难点是单片机片外程序存储器和片外数据存储器的扩展方法。

【知识要点】

本章重要知识点有单片机最小系统的构成，单片机片外程序存储器和片外数据存储器的扩展方法，单片机 I/O 接口的扩展方法等。

7.1　系统扩展概述

MCS-51 系列单片机在一块半导体芯片上集成了一台微型计算机系统的基本部分，具有体积小、重量轻、价格便宜、耗电少等优点。但在实际应用中，由于 8051 和 8751 片内只有 4KB 的程序存储器，8031 片内无程序存储器，当采用 8051、8751 而程序超过 4KB 或采用 8031 时，就需对程序存储器进行扩展，最多可至 64KB。另外，MCS-51 系列单片机的片内数据存储器仅有 128B，对某些应用程序可能不够，也需对内部数据存储器进行外部扩展，最大至 64KB。

由于大多数微型计算机 CPU 外部都有独立的系统总线，但是 MCS-51 系列单片机由于引脚数少，其数据线和地址线是分时复用的，而且 I/O 口线兼用。为了将复用线分离出来，以便同单片机片外的芯片正确地连接，需要在单片机外部增加地址锁存器，扩展系统的三总线，从而构成完整的系统总线，如图 7-1 所示。

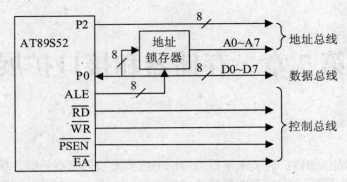

图 7-1　单片机的三总线结构

1．数据总线

数据总线用于传送数据。MCS-51 单片机数据总线的位数与处理数据的字长一致，均为 8 位，由 P0 口提供。数据总线是双向的，实现数据的输出（写出）和输入（读入）。

2．地址总线

地址总线用于传送地址信号，以便进行存储单元和 I/O 端口的选择。它是单向的，只能由单片机发出。MCS-51 单片机地址线最多为 16 根，其中高 8 位地址线由 P2 口提供，因为 P2 口具有输出锁存的功能，能保持高 8 位地址信息；低 8 位地址线由 P0 口提供，因为 P0 口是地址/数据分时复用的通道口，所以不能保存低 8 位地址信息，需要外接地址锁存器，可用 ALE 信号的下降沿作为锁存信号。地址总线的数目决定了可直接访问的存储单元的数目，因此存储器扩展最多可达 64KB。

3．控制总线

控制总线是单片机发出的一组用于片外 RAM、ROM 和 I/O 口读/写操作控制的信号线。扩展系统时常用的控制信号有：

ALE：地址锁存信号，用于实现对低 8 位地址的锁存；

$\overline{\text{PSEN}}$：外部程序存储器选通信号；

$\overline{\text{RD}}$：片外数据存储器读信号；

$\overline{\text{WR}}$：片外数据存储器写信号。

7.1.1　扩展后的单片机结构框图

MCS-51 系列单片机系统的扩展主要包括存储器的扩展和 I/O 口的扩展，图 7-2 为 AT89S52 单片机扩展后的结构框图。扩展能力为：

（1）片外程序存储器可扩展至 64KB。

（2）片外数据存储器和 I/O 端口可扩展至 64KB。

们可作为MCS-51系列芯片的外部程序存储器,其典型的产品有2716(2K×8)、2732(4K×8)、2764（8K×8）、27 128（16K×8）和27 256（32K×8）等。这些芯片上均有一个玻璃窗口,在紫外光下照射 5～20 分钟左右,存储器中的各位信息均变为 1。此时,可以通过相应的编程器将工作程序固化到这些芯片中。下面介绍一下 EPROM2764 存储器,其他芯片类似。

2. EPROM2764 简介

2764 是一种 8K×8 位的紫外线擦除电可编程只读存储器,单一+5V 供电,工作电流为 100mA,维持电流为 50mA,读出时间最大为 250ns。2764 为双列直插式 28 引脚的标准芯片,容量为 8K×8 位。其引脚如图 7-8 所示。

2764 在使用时,只能将其所存储的内容读出。即首先送出要读出的单元地址,然后使 $\overline{\text{OE}}$ 和 $\overline{\text{CE}}$ 均有效（低电平）,则在芯片的 D0～D7 数据线上就可以输出要读出的内容。其过程的时序关系如图 7-9 所示。

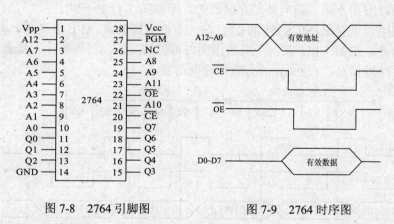

图 7-8　2764 引脚图　　　　　　图 7-9　2764 时序图

3. 程序存储器扩展举例

例 1：　试用 EPROM2716 构成 8031 的最小系统。

解：对于国内使用较多的 8031 机型来说,片内不含程序存储器,必须添加片外程序存储器,再用到地址锁存器,才能构成一台完整的计算机。因此严格说,它称不上是"单片"机。8031 本身、片外程序存储器与地址锁存器组成了一个真正可用的、未曾扩展的最小系统,如图 7-10 所示。

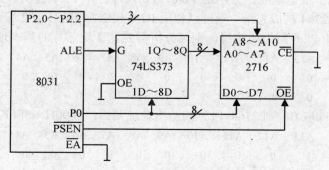

图 7-10　8031 的最小系统

最小系统中只有一片2716,则片选信号 $\overline{\text{CE}}$ 可直接接地（低电平有效）。将单片机的 $\overline{\text{PSEN}}$

连接至 2716 的 $\overline{OE}$ 端，则只要单片机执行，肯定是从 2716 中取出执行的。

2716 有 11 根地址线，分别由 P0.0～P0.7、P2.0～P2.2 提供，P2.3～P2.7 没有使用。

	A15	A14	A13	A12	A11	A10	A9	A8	A7	A6	A5	A4	A3	A2	A1	A0
最高地址	X	X	X	X	X	0	0	0	0	0	0	0	0	0	0	0
最低地址	X	X	X	X	X	1	1	1	1	1	1	1	1	1	1	1

其中 X 表示任意电平。假设未用地址线取 0，则 2716 的基本地址范围：0000H～07FFH。

另外，由于单片机的 P2.3～P2.7 均未连接，所以 2716 的编址也可以认为是 0800H～0FFFH 或 1000H～17FFH 或……或 F800H～FFFFH。

MCS-51 单片机访问外部程序存储器时所使用的控制信号有 ALE（低 8 位地址锁存信号）和 $\overline{PSEN}$（外部程序存储器读取控制）。在外部存储器取指期间，P0 和 P2 口输出地址码（PCL、PCH），其中 P0 口地址信号由 ALE 选通进入地址锁存器后，变成高阻，等待从程序存储器中读取指令码。访问外部存储器的时序如图 7-11 所示。

从时序图中可以看出，MCS-51 的 CPU 在一个机器周期内，ALE 出现两个正脉冲，$\overline{PSEN}$ 出现两个负脉冲。说明 CPU 在一个机器周期内可以两次访问外部程序存储器。应用 ALE 的下降沿锁存地址信息，在 $\overline{PSEN}$ 的有效期读取信息。

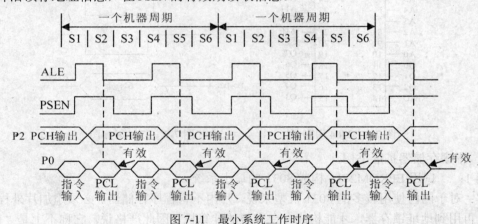

图 7-11　最小系统工作时序

例 2：采用线选法，使用两片 2764，一共构成 8K×2=16K 的有效地址。

解：2764 有 13 根地址线，分别由 P0.0～P0.7、P2.0～P2.4 提供，系统的 P2.5～P2.7 没有用，采用 2 片 2764 构成系统，则可以使用 P2.5～P2.7 中的任何 2 根作为线选线，在本设计中采用 P2.5 和 P2.6 作为线选线，则可分析得到这 2 块芯片的基本地址范围。

2764（1）	A15	A14	A13	A12	A11	A10	A9	A8	A7	A6	A5	A4	A3	A2	A1	A0
最高地址	X	1	0	0	0	0	0	0	0	0	0	0	0	0	0	0
最低地址	X	1	0	1	1	1	1	1	1	1	1	1	1	1	1	1

假设未用地址线取 0，则 2764（1）的基本地址范围：4000H～5FFFH。

2764（2）	A15	A14	A13	A12	A11	A10	A9	A8	A7	A6	A5	A4	A3	A2	A1	A0
最高地址	X	0	1	0	0	0	0	0	0	0	0	0	0	0	0	0
最低地址	X	0	1	1	1	1	1	1	1	1	1	1	1	1	1	1

假设未用地址线取 0，则 2764（2）的基本地址范围：2000H～3FFFH。扩展电路如图 7-12 所示。

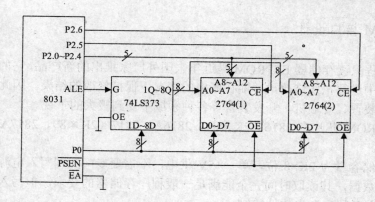

图 7-12 线选法片选的扩展电路

例 3：用 EPROM2764 扩展生成 24KB 的程序连续存储空间，采用 74LS138 译码，要求该 24KB 的地址空间从 8000H 开始编码。

解：由于 1 块 2764 芯片是 8KB，所以要生成 24KB 的程序存储空间需要 3 块 2764 芯片；由于生成的是连续的存储空间，所以采用译码法。地址空间要求从 8000H 开始编码，则：

2764（1）的基本地址范围：8000H～9FFFH。

2764（1）	A15	A14	A13	A12	A11	A10	A9	A8	A7	A6	A5	A4	A3	A2	A1	A0
最高地址	1	0	0	0	0	0	0	0	0	0	0	0	0	0	0	0
最低地址	1	0	0	1	1	1	1	1	1	1	1	1	1	1	1	1

2764（2）的基本地址范围：A000H～BFFFH。

2764（2）	A15	A14	A13	A12	A11	A10	A9	A8	A7	A6	A5	A4	A3	A2	A1	A0
最高地址	1	0	1	0	0	0	0	0	0	0	0	0	0	0	0	0
最低地址	1	0	1	1	1	1	1	1	1	1	1	1	1	1	1	1

所以 2764（3）的基本地址范围：C000H～DFFFH。

2764（3）	A15	A14	A13	A12	A11	A10	A9	A8	A7	A6	A5	A4	A3	A2	A1	A0
最高地址	1	1	0	0	0	0	0	0	0	0	0	0	0	0	0	0
最低地址	1	1	0	1	1	1	1	1	1	1	1	1	1	1	1	1

观察 3 块芯片的高位地址线 A15～A13，并考虑 74LS138 译码器的输入与输出之间的关系可知，3 块 2764 芯片应依次接 Y4、Y5、Y6 输出端。扩展电路图如图 7-13 所示。

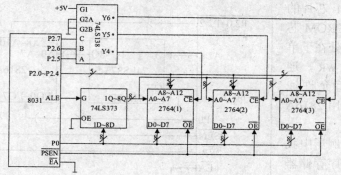

图 7-13 译码法片选的扩展电路

7.2.4　EEPROM 接口设计

电擦除可编程只读存储器 EEPROM 是近年来国外厂家推出的新产品，它的主要特点是能在计算机系统中进行在线修改，并能在断电的情况下保持修改的结果。因此，在智能化仪器仪表、控制装置、终端机、开发装置等各种领域中受到极大的重视。

常用的 EEPROM 芯片有 2816（2K×8）、2816A、2817（2K×8）、2817A、2864（8K×8）、2864A 等。

2816A 的存储容量为 2K×8 位，单一+5V 供电，不需要专门配置写入电源。2816A 能随时写入和读出数据，其读取时间完全能满足一般程序存储器的要求，但写入时间较长，需 9～15ms，写入时间完全由软件控制。

2816A 和 2817A 均属于 5V 电擦除可编程只读存储器，其容量都是 2K×8 位。2816A 与 2817A 的不同之处在于：2816A 的写入时间为 9～15ms，完全由软件延时控制，与硬件电路无关，其引脚如图 7-14（a）所示；2817A 利用硬件引脚 RSY/$\overline{\text{BUSY}}$ 来检测写操作是否完成。

2864A 是 8K×8 位 EEPROM，单一+5V 供电，最大工作电流 160mA，最大维持电流 60mA，典型读出时间 250ns。由于芯片内部设有"页缓冲器"，因而允许对其快速写入。2864A 内部可提供编程所需的全部定时，编程结束可以给出查询标志。2864A 的封装形式为 DIP28，其引脚如图 7-14（b）所示。

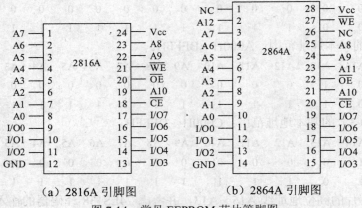

（a）2816A 引脚图　　　　　（b）2864A 引脚图

图 7-14　常见 EEPROM 芯片管脚图

使用 EEPROM 芯片的扩展电路与使用 EPROM 芯片的类似，不同之处在于单片机应添用控制线 $\overline{\text{WR}}$，连到 EEPROM 的写允许线 $\overline{\text{WE}}$。图 7-15 为使用 2816A 的扩展电路图。

从上面的几个例子中我们可以看到扩展程序存储器的一般方法。程序存储器与单片机的连线分为三类：

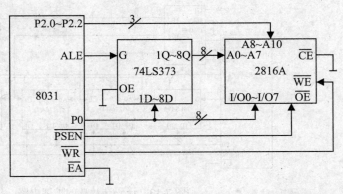

图 7-15　用 2816A EEPROM 的扩展电路

（1）数据线，通常有 8 位数据线，由 P0 口提供。

（2）地址线，地址线的条数决定了程序存储器的容量。低 8 位地址线由 P0 口提供，高 8 位由 P2 口提供，具体使用多少条地址线根据扩展容量以及所采用的片选方法而定。

（3）控制线，存储器的读允许信号与单片机的取指信号相连；存储器片选线的接法决定了程序存储器的地址范围，当只采用一片程序存储器芯片时，可以直接接地，当采用多片时要使用译码器来选中。

7.3　数据存储器扩展

MCS-51 芯片的 RAM 存储器可以作为工作寄存器、堆栈、软件标志和数据缓冲器。但在实时数据采集和处理应用系统中，仅靠片内 RAM 存储器的 128 字节是远远不够的，因而必须扩展外部数据存储器。常用的数据存储器有静态 RAM 和动态 RAM 两种。在单片机应用系统中为避免动态 RAM 的刷新问题，通常使用静态 RAM。下面主要讨论静态 RAM 与 MCS-51 的接口。

7.3.1　数据存储器概述

数据存储器即随机存取存储器（Random Access Memory），简称 RAM，用于存放可随时修改的数据信息。与 ROM 不同，RAM 可以进行读、写两种操作。RAM 为易失性存储器，断电后所存信息立即消失。

按其工作方式，RAM 又分为静态（SRAM）和动态（DRAM）两种。静态 RAM 只要电源加上，所存信息就能可靠保存。 DRAM 必须在一定的时间内不停地刷新才能保持其中存储的数据。

7.3.2　静态 RAM 芯片简介

目前，常用的 SRAM 芯片有 6116（2K×8）、6264（8K×8）、62 128（16K×8）、62 256（32K×8）等。

1. 6116 简介

6116 芯片为 24 引脚双列直插封装，其管脚图如图 7-16（a）所示。其中 A0～A10 为地址线，$\overline{WE}$ 为写选通信号，D0～D7 为数据线，Vcc 表示电源（+5V），$\overline{CE}$ 是片选信号，低电平有效，GND 接地，$\overline{OE}$ 为数据输出允许信号。

2. 6264 简介

6264 是 8K×8 位的静态 RAM，它采用 CMOS 工艺制造，单一+5V 供电，额定功耗 200mW，典型读取时间 200ns，封装形式为 DIP28，其管脚图如图 7-16（b）所示。其中 A0～A12 为地址输入线，D0～D7 为三态双向数据线，$\overline{CS}$ 是片选信号输入线，低电平有效，$\overline{OE}$ 是读选通信号输入线，低电平有效，$\overline{WE}$ 是写选通信号输入线，低电平有效。

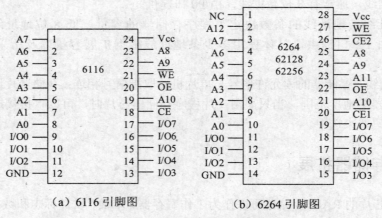

（a）6116 引脚图　　　　　　　（b）6264 引脚图

图 7-16　常见 RAM 芯片引脚图

7.3.3　数据存储器扩展举例

扩展数据存储器和扩展程序存储器的方法类似，由 P2 口提供高 8 位地址，P0 口分时提供低 8 位地址和 8 位数据总线。访问片外数据存储器的指令有：

MOVX　A，@Ri

MOVX　A，@DPTR

MOVX　@Ri，A

MOVX　@DPTR，A

执行前两条指令将在单片机的 $\overline{RD}$ 端输出有效的低电平脉冲信号；执行后两条指令将在单片机的 $\overline{WR}$ 端输出有效的低电平信号。

例 4：使用一片 6116 实现的 2KB RAM 扩展。

解：因为 6116 是 2K×8 位的 RAM 芯片，按题意需扩展 2KB 的 RAM，只需要一块 6116 芯片即可，片选信号 $\overline{CE}$ 可直接接地（低电平有效）。将单片机的 $\overline{WR}$ 连接至 6116 的 $\overline{WE}$ 端，单片机的 $\overline{RD}$ 连接至 6116 的 $\overline{OE}$ 端，如图 7-17 所示。

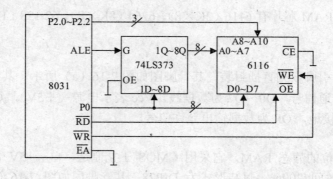

图 7-17　单片 RAM 扩展电路图

6116 有 11 根地址线，分别由 P0.0～P0.7、P2.0～P2.2 提供，系统的 P2.3～P2.7 没有用。在实际的编程中，通常将不用的地址信号线按 0 处理，得到这个芯片的基本地址范围。

	A15	A14	A13	A12	A11	A10	A9	A8	A7	A6	A5	A4	A3	A2	A1	A0
最高地址	X	X	X	X	X	0	0	0	0	0	0	0	0	0	0	0
最低地址	X	X	X	X	X	1	1	1	1	1	1	1	1	1	1	1

假设未用地址线取 0，则 6116 的基本地址范围：0000H～07FFH。

MCS-51 单片机读写外部数据存储器的时序如图 7-18 所示。在图 7-18（a）的外部 RAM 读周期中，P2 口输出高 8 位地址，P0 口分时传送低 8 位地址和数据。ALE 的下降沿将低 8 位地址打入地址锁器后，P0 口变为输入方式。$\overline{RD}$ 的有效选通外部 RAM，相应存储单元的内容送到 P0 口，由 CPU 读入累加器。

外部 RAM 写操作时，时序如图 7-18（b）所示。其操作过程与读周期类似。写操作时，在 ALE 下降为低电平后，$\overline{WR}$ 信号才有效，P0 口上出现的数据写入相应的存储单元。

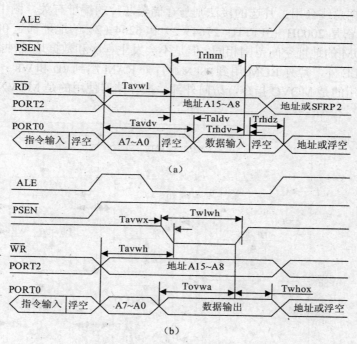

（a）

（b）

图 7-18 片外 RAM 的工作时序图

例 5：分析如图 7-19 所示的电路图中 2 块 6264 芯片的基本地址范围。

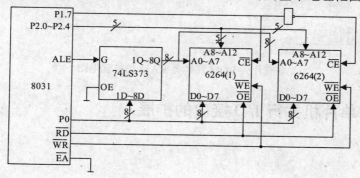

图 7-19 用 2 片 RAM 的扩展电路

解：此电路图是由 2 块 6264 芯片，在片外扩展 16K 个单元数据存储器的扩展电路。接 P1.7 引脚来进行片选。6264（1）和 6264（2）的编址都是 8KB，基本地址范围都自 0000H 到 1FFFH（假设未用地址线取 0），因为它们所接的地址完全相同。

2764	A15	A14	A13	A12	A11	A10	A9	A8	A7	A6	A5	A4	A3	A2	A1	A0
最高地址	X	X	X	0	0	0	0	0	0	0	0	0	0	0	0	0
最低地址	X	X	X	1	1	1	1	1	1	1	1	1	1	1	1	1

7.3.4 全地址范围的存储器最大扩展系统

一个比较复杂的单片机应用系统可能兼有片外 ROM 和片外 RAM，如图 7-20 所示。图中地址总线和数据总线公用；片选的接法则与存储器芯片的编址有关，图中 2764（1）和 6264（1）的地址都是 2000H～3FFFH；2764（2）和 6264（2）的地址都是 0000H～1FFFH。尽管 RAM 和 ROM 的地址空间范围相同，但是不会发生程序和数据地址冲突，这是因为控制总线中除了 ALE 外，片外 ROM 用到 $\overline{PSEN}$，片外 RAM 用到 $\overline{RD}$ 和 $\overline{WR}$；在程序中，访问程序存储器使用的是 MOVC 指令，访问外部数据存储器使用的是 MOVX 指令。

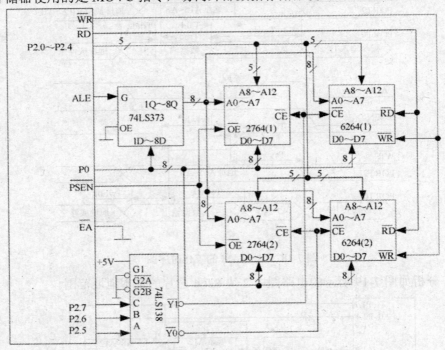

7-20　兼有片外 ROM 和片外 RAM 的扩展电路

7.4　MCS-51 单片机并行 I/O 接口的扩展

7.4.1　概述

在单片机系统中主要有两类数据传送操作，一类是单片机和存储器之间的数据读写操作；另一类则是单片机和其他设备之间的数据输入/输出（I/O）操作。

单片机和存储器之间的连接十分简单，主要包括地址线、数据线、读写选通信号。

单片机与控制对象或外部设备之间的数据传送却十分复杂，存在速度不匹配、电平不一致、信号需要转换等问题。在单片机应用系统中，单片机本身的资源如 I/O 口、定时/计数器、串行口往往不能满足要求，使用扩展的 I/O 接口电路可以较好地解决这些问题。

1．速度协调

由于速度不匹配，使得单片机的 I/O 数据传送只能以异步方式进行。设备是否准备好，需要通过接口电路产生或传送设备的状态信息获知，以此实现单片机与设备之间的速度协调。

2．输出数据锁存

在单片机应用系统中，数据输出都是通过系统的公用数据通道（数据总线）进行的，单片机的工作速度快，数据在数据总线上保留的时间十分短暂，无法满足慢速输出设备的需要。在扩展 I/O 接口电路中应具有数据锁存器，以保存输出数据直至能被输出设备接收。

3．输入数据三态缓冲

数据输入时，输入设备向单片机传送的数据要通过数据总线，但数据总线是系统的公用数据通道，上面可能"挂"着多个数据源，工作比较繁忙。为了维护数据总线上数据传送的"秩序"，只允许当前时刻正在进行数据传送的数据源使用数据总线，其余数据源都必须与数据总线处于隔离状态。为此要求接口电路能为数据输入提供三态缓冲功能。

4．数据转换

单片机只能输入和输出数字信号，但是有些设备所提供或所需要的并不是数字信号形式。为此，需要使用接口电路进行数据信号的转换，其中包括模/数转换和数/模转换。

MCS-51 单片机常用的扩展器件有如下三类：

（1）常规逻辑电路、锁存器，如 74LS377，74LS245。

（2）MCS-80/85 并行接口电路，如 8255。

（3）RAM/IO 综合扩展器件，如 8155。

7.4.2　简单 I/O 口的扩展

由于单片机的 P0 口经常用作数据线或低 8 位地址线；P2 口用作高 8 位地址线，P3 口的第 2 功能更为重要，所以只有 P1 口能作为真正的数据 I/O 口来使用，但是，在很多场合，仅使用 P1 口来作为数据 I/O 口是不够的，这是就需要扩展 I/O 口。

当所需扩展的外部 I/O 口数量不多时，可以使用常规的逻辑电路、锁存器进行扩展。这一类的外围芯片一般价格较低而且种类较多，常用的如：74LS377、74LS245、74LS373、74LS244、74LS273、74LS577、74LS573。

1．简单输入接口扩展方法

例 6：图 7-21 是利用 74LS244 进行简单输入接口扩展的连接图。

从图中可以看出，当 P2.5 和 $\overline{\text{RD}}$ 同时为低电平时，74LS244 才能将输入端的数据送到 8051 的 P0 口，其中 P2.5 决定了 74LS244 的地址为：XX0X XXXX XXXX XXXXB。通常，我们选择的地址是 DFFFH，则接口的输入操作程序如下：

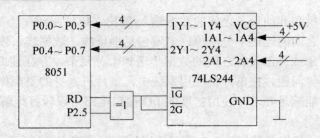

图 7-21　74LS244 系统扩展图

MOV　　DPTR，#0DFFFH

MOVX　A，@DPTR

2. 简单输出接口扩展方法

例 7：图 7-22 是利用 74LS377 进行简单输出接口扩展的连接图。

图中利用 P2.6（即 A14）和 A0 对 2 块 74LS377 芯片进行选择。当 P2.6=1、A0=0 时选中 74LS377（1）；当 P2.6=1、A0=1 时选中 74LS377（2）。假设未用的地址线为"1"，则 74LS377（1）的地址为 0FFFEH，74LS377（2）的地址为 0FFFFH。

74LS377（1）输出数据的操作指令如下：

MOV　　DPTR，#0FFFEH

MOV　　A，#DATA

MOVX　@DPTR，A

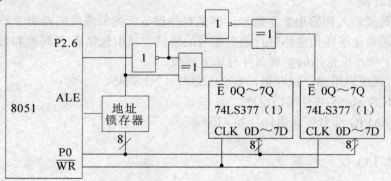

图 7-22　74LS377 系统扩展图

7.4.3　可编程并行 I/O 接口芯片 8255A

Intel 8255A 是一种可编程通用并行接口芯片，适用于多种微处理器的 8 位并行输入/输出。它具有两个 8 位（A 口和 B 口）和两个 4 位（C 口高/低 4 位）并行 I/O 端口，能适应 CPU 与 I/O 接口之间的多种数据传送方式的要求，芯片内部主要由控制寄存器、状态寄存器、数据寄存器组成，能独立编程，有 3 种工作方式。使用 8255A 可实现多种数据传送方式的要求。

1. 8255A 的结构

8255A 由三部分组成，结构如图 7-23 所示。

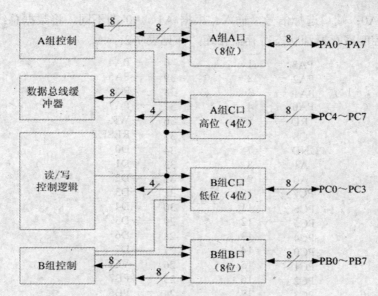

图 7-23　8255A 内部结构图

（1）与外设接口部分

8255A 内部包括三个 8 位的输入输出端口，分别是端口 A、端口 B、端口 C，相应信号线是 PA7～PA0、PB7～PB0、PC7～PC0。端口都是 8 位，都可以作为输入或输出，但功能上各有特色：

端口 A：由一个 8 位的数据输出缓冲/锁存器和一个 8 位的数据输入缓冲/锁存器组成。

端口 B：由一个 8 位的数据输出缓冲/锁存器和一个 8 位的数据输入缓冲器组成。

端口 C：由一个 8 位数据输出锁存/缓冲器和一个 8 位数据输入缓冲器组成。

（2）与微处理器接口部分

这部分主要完成数据传送及逻辑控制。

（3）内部控制部分

由 A、B 两组控制电路组成。主要作用是根据 CPU 送来的控制字决定两组端口（A 组为 A 口、C 口的高 4 位，B 组为 B 口和 C 口的低 4 位）的工作方式，也可根据控制字的要求对 C 口按位进行置位或复位。

2．8255A 的引脚功能

8255A 的引脚如图 7-24 所示。它采用双列直插 40 脚封装，40 条引脚可分为两组。

（1）RESET：复位信号，输入高电平有效。当 RESET 端出现高电平后，8255A 将复位到初始状态。

（2）D0～D7：数据总线，双向、三态。D0～D7 是 8255A 与 CPU 交换数据、控制字/状态字的总线，通常与系统数据总线连接。

（3）$\overline{CS}$：片选信号，输入、低电平有效。当 $\overline{CS}$ 为低电平时，该 8255A 被选中，D7～D0 可以与 CPU 交换信息，否则 D7～D0 处于高阻态。

（4）$\overline{RD}$：读信号，输入、低电平有效。控制 8255A 送出数据或状态信息到数据总线。

（5）$\overline{WR}$：写信号，输入、低电平有效。控制把数据总线的数据或控制信息写入 8255A。

（6）A1、A0：端口选择信号，输入。根据 A1、A0 的不同，将数据总线与不同的输入/输出端口、控制寄存器和状态寄存器相连。详见表 7-2。

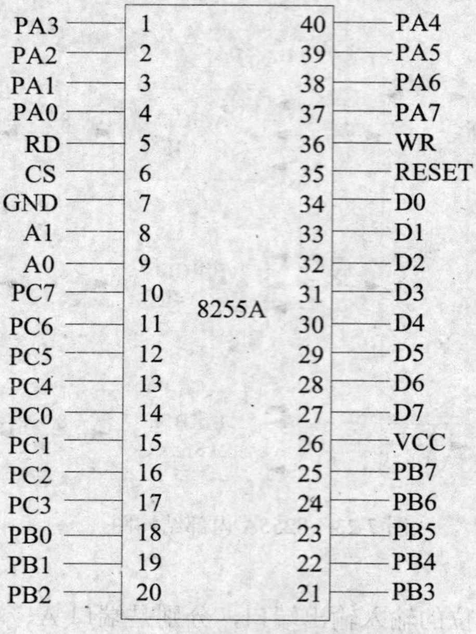

PA3	1 — 40	PA4
PA2	2 — 39	PA5
PA1	3 — 38	PA6
PA0	4 — 37	PA7
RD	5 — 36	WR
CS	6 — 35	RESET
GND	7 — 34	D0
A1	8 — 33	D1
A0	9 — 32	D2
PC7	10 — 31	D3
PC6	11 8255A 30	D4
PC5	12 — 29	D5
PC4	13 — 28	D6
PC0	14 — 27	D7
PC1	15 — 26	VCC
PC2	16 — 25	PB7
PC3	17 — 24	PB6
PB0	18 — 23	PB5
PB1	19 — 22	PB4
PB2	20 — 21	PB3

图 7-24 8255A 芯片引脚图

使用时一般将 A1、A0 与地址总线的低 2 位相连，故一片 8255A 占用 4 个 I/O 端口地址，分别对应端口 A、端口 B、端口 C 和控制寄存器。

表 7-2 8255A 端口地址及基本操作

CS	A1	A0	RD	WR	操作
0	0	0	0	1	读 A 口内容
0	0	1	0	1	读 B 口内容
0	1	0	0	1	读 C 口内容
0	0	0	1	0	写入 A 口
0	0	1	1	0	写入 B 口
0	1	0	1	0	写入 C 口
0	1	1	1	0	写入控制字
1	×	×	×	×	总线悬浮（三态）
0	×	×	1	1	总线悬浮
0	1	1	0	1	控制口不能读

3．8255A 与 MCS-51 系列单片机的连接

图 7-25 是 8255A 与 MCS-51 单片机的一种连接方法。

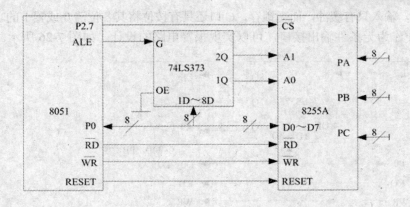

图 7-25 8255A 与单片机连接图

图中 8255A 的 $\overline{CS}$ 接到单片机的 P2.7 端，A1、A0 接到锁存后的 P0.1、P0.0 端。在这种接法下，8255A 各端口的地址如下（假设未用地址线取 1）：

A 口：7FFCH；B 口：7FFDH；C 口：7FFEH；控制口：7FFFH。

4．8255A 的控制字

8255A 有三种工作方式：

方式 0：基本输入/输出方式；方式 1：选通输入/输出方式；方式 2：双向传送方式。8255A 的工作方式控制字格式如表 7-3 所示。

表 7-3 8255A 的工作方式控制字格式

D7	D6 D5	D4	D3	D2	D1	D0
特征位 1 有效	A 组方式 00：方式 0 01：方式 1 0X：方式 2	PA 1：输入 0：输出	PC4～7 1：输入 0：输出	B 组方式 0：方式 0	PB 1：输入 0：输出	PC0～3 1：输入

8255A 还有一个 C 口置/复位控制字，用来设置 C 口某位的状态，而不影响其他位。C 口置/复位控制字的格式如表 7-4 所示，其 D7=0 是位控字的标志位。

表 7-4 8255A 的 C 口置/复位控制字格式

D7	D6	D5	D4	D3	D2	D1	D0
特征位 0 有效		不用 一般置 0		位选择 000：PC0 001：PC1 010：PC2 011：PC3 100：PC4 101：PC5 110：PC6 111：PC7			控制位 1：输入 0：输出

5．8255A 三种工作方式的功能及应用举例

三种基本的工作方式：

（1）方式 0：基本输入/输出方式

方式 0 不使用联络信号，也不使用中断，A 口和 B 口可定义为输入或输出口，C 口分成两个部分（高 4 位和低 4 位），C 口的两个部分也可分别定义为输入或输出。在方式 0 时，所有

口输出均有锁存,输入只有缓冲,而无锁存,C 口还具有按位将其各位清 0 或置 1 的功能。

利用 8255A 作为无条件输出接口,可以实现报警电路的设计,如图 7-26 所示。

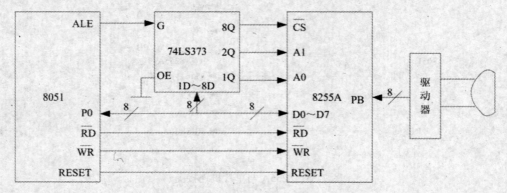

图 7-26　报警接口电路图

（2）方式 1：选通输入/输出方式

A 口借用 C 口的一些信号线作控制和状态线,形成 A 组；B 口借用 C 口的一些信号线用作控制和状态线,组成 B 组。在方式 1 下,A 口和 B 口的输入输出均带有锁存。

① 方式 1 输入联络信号

A 口工作于方式 1 且用作输入口时,C 口的 PC4 线用作选通输入信号线 $\overline{STB_A}$,PC5 用作输入缓冲器满输出信号线 IBF_A,PC3 用作中断请求输出信号线 $INTR_A$。B 口工作于方式 1 且用作输入口时,C 口的 PC2 线用作选通输入信号线 $\overline{STB_B}$,PC1 用作输入缓冲器满输出信号线 IBF_B,PC0 用作中断请求输出信号线 $INTR_B$。输入时联络信号线如图 7-27 所示。

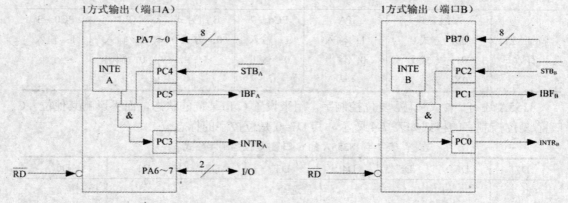

图 7-27　方式 1 输入时联络信号线定义

② 方式 1 输出联络信号

当 A 口工作于方式 1 且用作输出口时,C 口的 PC7 线用作输出缓冲器满信号,PC6 用作外设收到数据后的响应信号,PC3 用作中断请求输出信号线 $INTR_A$。当 B 口工作于方式 1 且用作输出口时,C 口的 PC1 线用作输出缓冲器满信号,PC2 用作外设收到数据后的响应信号,PC0 用作中断请求输出信号线 $INTR_B$。1 方式下输出时的联络信号线如图 7-28 所示。

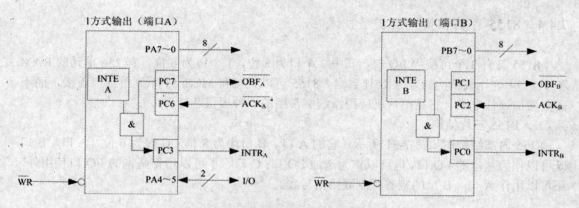

图 7-28 方式 1 下输出时的联络信号线定义

利用 8255A 用作查询输入接口，可以实现外部输入装置与 CPU 的连接，如图 7-29 所示。

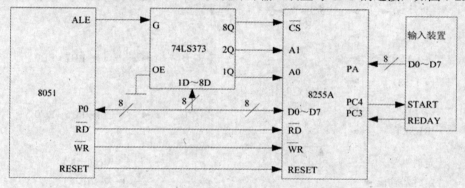

图 7-29 输入装置与 CPU 接口示意图

（3）方式 2：双向输入/输出工作方式

方式 2 是 A 组独有的工作方式。外设既能在 A 口的 8 条引线上发送数据，又能接收数据。此方式也是借用 C 口的 5 条信号线作控制和状态线，A 口的输入和输出均带有锁存。2 方式下的联络信号线定义如图 7-30 所示。

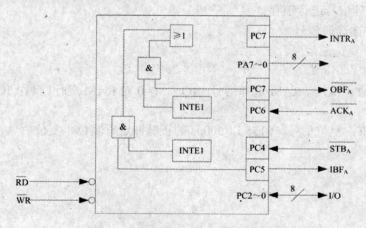

图 7-30 方式 2 下的联络信号线定义

7.4.4 8155 可编程接口及扩展技术

8155 具有 3 个可编程 I/O 口，其中 2 个口为 8 位，1 个口为 6 位，有 256 单元的 RAM 和 1 个 14 位计数结构的定时器/计数器。8155 可以直接和 MCS-51 系列单片机连接，而不需要增加硬件电路，它是单片机应用系统中常用的一种接口芯片。

1. 8155 芯片结构

8155 内部结构图如图 7-31 所示。它的 A 口、B 口均为 8 位，C 口为 6 位。A 口、B 口既可以作为基本的 I/O 口，也可以作为选通 I/O 口；C 口除了可以用作基本的 I/O 口使用外，还可以用作 A 口、B 口的应答控制联络信号线。

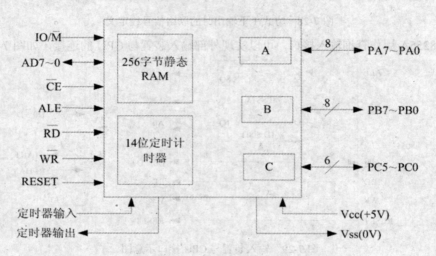

图 7-31 8155 内部结构图

8155 的引脚如图 7-32 所示，它采用双列直插 40 脚封装。主要引脚的功能如下：

（1）AD7～AD0：地址数据复用线。

（2）ALE：地址锁存信号。除进行 AD7～AD0 的地址锁存控制外，还用于把片选信号 $\overline{CE}$ 和 IO / $\overline{M}$ 等信号进行锁存。

（3）$\overline{RD}$：读选通信号。

（3）$\overline{WR}$：写选通信号。

（4）$\overline{CE}$：片选信号。

（5）IO / $\overline{M}$：I/O 与 RAM 选择信号。IO / $\overline{M}$ =0 对 RAM 进行读写；IO / $\overline{M}$ =1 时 I/O 口进行读写。

（6）RESET：复位信号。8155 以 600ns 的正脉冲进行复位，复位后 A、B、C 口均置为输入方式。

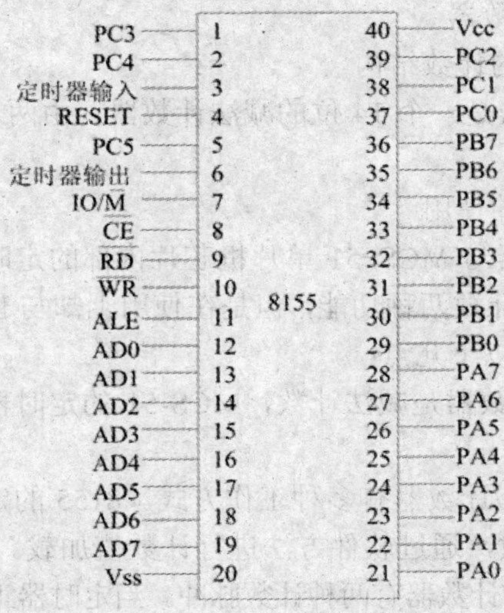

```
          PC3 ──┤ 1        40 ├── Vcc
          PC4 ──┤ 2        39 ├── PC2
       定时器输入 ──┤ 3        38 ├── PC1
        RESET ──┤ 4        37 ├── PC0
          PC5 ──┤ 5        36 ├── PB7
       定时器输出 ──┤ 6        35 ├── PB6
         IO/M ──┤ 7        34 ├── PB5
           CE ──┤ 8        33 ├── PB4
           RD ──┤ 9        32 ├── PB3
           WR ──┤ 10  8155 31 ├── PB2
          ALE ──┤ 11       30 ├── PB1
          AD0 ──┤ 12       29 ├── PB0
          AD1 ──┤ 13       28 ├── PA7
          AD2 ──┤ 14       27 ├── PA6
          AD3 ──┤ 15       26 ├── PA5
          AD4 ──┤ 16       25 ├── PA4
          AD5 ──┤ 17       24 ├── PA3
          AD6 ──┤ 18       23 ├── PA2
          AD7 ──┤ 19       22 ├── PA1
          Vss ──┤ 20       21 ├── PA0
```

图 7-32　8155 芯片引脚图

2．RAM 单元及 I/O 口编址

8155 共有 256 个 RAM 单元，加上 6 个可编址的端口，这 6 个端口是：命令/状态寄存器、PA 口、PB 口、PC 口、定时器/计数器低 8 位以及定时器/计数器高 8 位。8155 引入 8 位地址 AD7～AD0，无论是 RAM 还是可编址口都使用这 8 位地址进行编址。其中地址的前 5 位 AD7～AD3 是事先规定其数值的，后 3 位 AD2～AD0 可用于选中其中的一个寄存器，如表 7-5 所示。

表 7-5　8155 各寄存器端口表

寄存器	AD2	AD1	AD0
C/S 寄存器	0	0	0
A 口寄存器	0	0	1
B 口寄存器	0	1	0
C 口寄存器	0	1	1
定时器低字节寄存器	1	0	0
定时器高字节寄存器	1	0	1

3．8155 的命令字及状态字的格式及用法

8155 的命令字和状态字寄存器共用一个地址，命令字寄存器只能写不能读，状态字寄存器只能读不能写。对命令/状态寄存器写入命令字，可规定 8155 的工作方式。命令字的格式如表 7-6 所示。

表 7-6　8155 命令字格式

D7　　　D6	D5	D4	D3　　　D2	D1	D0
定时器方式	A 口中断	B 口中断	C 口中断	B 口方式	A 口方式
00：无操作	1：中断允许	1：中断允许	00：ALT1	1：输出	1：输出
01：停止计数	0：中断禁止	0：中断禁止	01：ALT2	0：输入	0：输入
10：计数满后停止			10：ALT3		
11：开始计数			11：ALT4		

4．8155 的定时器/计数器

（1）定时器/计数器的计数结构

8155 的定时器/计数器是一个 14 位的减法计数器，由两个 8 位寄存器构成。分别是高8 位和低 8 位。

（2）定时器/计数器的使用

8155 的定时器/计数器与 MCS-51 单片机芯片内部的定时器/计数器在功能上是完全相同的，即同样具有定时和计数两种功能，但是在使用上却与 MCS-51 的定时器/计数器有许多不同之处。具体表现在以下几点：

① 8155 的定时器/计数器是减法计数，MCS-51 的定时器/计数器是加法计数。确定计数初值的方法是不同的。

② MCS-51 的定时器/计数器有多种工作方式。8155 的定时器/计数器则只有一种固定的工作方式，即 14 位计数，通过软件方法进行计数值加载。

③ MCS-51 的定时器/计数器有两种计数脉冲。当定时器工作时，由芯片内部按机器周期提供固定频率的计数脉冲；当计数器工作时，从芯片外部引入计数脉冲。8155 的定时器/计数器，不论是定时工作还是计数工作，都由外部提供计数脉冲，其信号引脚就是 TIMERIN。

④ MCS-51 的定时器/计数器，计数溢出自动置位 TCON 寄存器的计数溢出标志位（TF），供用户以查询或中断方式使用；但 8155 的定时器/计数器，计数溢出时向芯片外边输出一个信号（TIMEROUT）。这一信号还有脉冲和方波两种形式，供用户进行选择。具体由定时器高字节寄存器 D7、D6 两位定义。4 种输出形式以及输出波形如表 7-7 所示。

表 7-7　8155 输出波形

D7	D6	输出方式	输出波形
0	0	单个方波	
0	1	连续方波	
1	0	单个脉冲	
1	1	连续脉冲	

5．8155 与 MCS-51 单片机的连接

如图 7-33 所示是用 8155 扩展 I/O 接口与片外 RAM 的一个扩展电路。图中只画了 8155与 AT89S52 的连接。

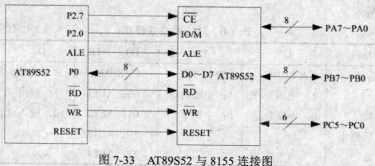

图 7-33　AT89S52 与 8155 连接图

若 A 口定义为基本的输入方式，B 口定义为基本的输出方式，对输入脉冲进行 200 分频，则由图可以分析得知：

RAM 字节地址：7E00H～7EFFH（P2.0=0）

I/O 接口地址：

    命令状态口：7F00H

    PA 口：7F01H

    PB 口：7F02H

    PC 口：7F03H

    定时器低 8 位：7F04H

    定时器高 8 位：7F05H

8155 的 I/O 初始化程序如下：

```
        ORG     1000H
START:  MOV     SP，#60H
        MOV     R6，#0FFH
        DJNZ    R6，START
MAIN:   MOV     DPTR，#7F04H      ; 指向定时器低 8 位
        MOV     A，#0C8H          ; 计数常数 0C8H
        MOVX    @DPTR，A          ; 计数常数低 8 位装入
        INC     DPL              ; 指向定时器高 8 位
        MOV     A，#40H           ; 设定时器连续方波输出
        MOVX    @DPTR，A          ; 指向命令状态口
        MOV     A，#0C2H          ; 命令控制字设定
        MOVX    @DPTR，A          ; A 口为基本输入方式，B 口为基本输出方式
```

在同时需要扩展 RAM 和 I/O 口及计数器的 MCS-51 应用系统中选用 8155 是很方便的。8155 的 RAM 可以作为数据缓冲器，8155 的 I/O 口可以接外设的控制信号的输入输出。8155 的定时器可以作为分频器或定时器。

【本章小结】

单片机虽然具有广泛的应用空间，但是由于系统结构的限制，单片机的资源，包括存储器、输入输出接口等都有一定的限制。为了更好地应用单片机，需要对单片机的相关资源进行扩展。本章重点学习单片机和接口的扩展，扩充单片机的应用资源，从而使单片机具有更大的应用空间。

7.5 习题

1. 为什么外扩存储器时，P0 口要外接锁存器，而 P2 口却不接？

2. 试编写一个程序（例如将 01H 和 09H 拼为 19H），设原始数据放在片外数据区 4001H 单元和 4002H 单元中，按顺序拼装后的单字节数放入 4002H。

3. 在 MCS-51 单片机系统中，外接程序存储器和数据存储器共 16 位地址线和 8 位数据线，为何不会发生冲突？

4. 如何区分 MCS-51 单片机片外程序存储器和片外数据存储器？

5. 现有 8031 单片机、74LS373 锁存器、2 片 2716EPROM 和 2 片 6116RAM，请使用它们组成的一个单片机系统，要求：

（1）画出硬件电路连线图，并标注主要引脚；

（2）指出该应用系统程序存储器空间和数据存储器空间各自的地址范围。

6. 8255A 的方式控制字和 C 口按位置位/复位控制字都可以写入 8255A 的同一控制寄存器，8255A 是如何区分这两个控制字的？

7. 对图 7-25 中的 8255A 编程，使其各口工作于方式 0，A 口用作输入，B 口用作输出，C 口高 4 位作输出，低 4 位作输入。

8. MCS-51 的并行接口的扩展有多种方式，在什么情况下，采用扩展 8155 比较合适？什么情况下，采用扩展 8255A 比较适合？

第 8 章　51 单片机开发平台的使用

【教学目的】

　　本章主要学习和掌握 Keil 开发软件的使用，了解 CS-III 硬件平台的功能特点，进而可以独立使用软件工具和硬件平台进行 51 系列单片机的应用设计和开发。

【教学要求】

　　通过本章学习，要求熟悉和掌握 Keil 开发工具完成代码的编译、链接、调试和下载，了解 CS-III 开发板的组成结构和功能特点，以及使用跳线连接开发板上的电路。

【重点难点】

　　本章的重点是学习和掌握 Keil 集成开发环境的使用，难点是单片机项目开发的步骤和硬件平台的使用。

【知识要点】

　　本章的重要知识点有：Keil 集成开发环境的应用，工程的配置，常用调试命令的使用，以及目标代码下载和去执行。

8.1　Keil 集成开发环境的使用

　　Keil 集成开发环境是单片机设计开发中常用的软件。该集成开发环境主要包含编译器、汇编器、实时操作系统、项目管理器、调试器等。强大的软件仿真调试功能使单片机的设计开发事半功倍。

8.1.1　Keil 集成开发环境概述

　　Keil 是美国 Keil Software Inc/Keil Elektronik GmbH 公司开发的基于 80C51 内核的微处理器软件开发平台。Keil 作为一个功能强大的集成开发平台，不仅提供了丰富的库函数，而且还内嵌了多种符合当前工业标准的开发工具，用户可以通过该开发平台完成工程的建立和管理，程序的编译、连接，目标代码的生成、软件仿真、硬件仿真等完整的开发流程。

　　Keil 通过集成 Keil C51 标准 C 编译器及 Keil A51 标准汇编编译器能同时支持汇编语言和 C 语言开发。尤其是它的 C 编译工具 C51 在产生代码的准确性和效率方面达到了较高的水平而且可以附加灵活的控制选项，从而使其成为开发大型项目时的理想选择。Keil 集成开发环境（IDE）的 Windows 版本命名为 Keil uVision，目前最新版本是 9.0 版。

8.1.2 Keil 单片机软件集成开发环境的整体结构

Keil uVision 的集成开发环境主要包含以下几个部分：
- ◆ 一个工程管理器和代码编辑器；
- ◆ 一个负责编译 C 代码的 C51 编译器；
- ◆ 一个负责编译汇编代码的 A51 汇编器；
- ◆ 一个负责将编译结果创建生成库文件的库管理器 LIB51；
- ◆ 一个实时多任务操作系统 RTX51；
- ◆ 一个负责将编译结果和库文件连接生成绝对目标文件(.ABS)的连接器 L51 或 BL51；
- ◆ 一个负责将 ABS 文件转换成标准 Hex 文件的转换器 OH51；
- ◆ 一个实现对 Hex 文件进行源代码级调试的调试器 dScope51 或 tScope51。

Keil uVision 各部分的结构如图 8-1 所示。

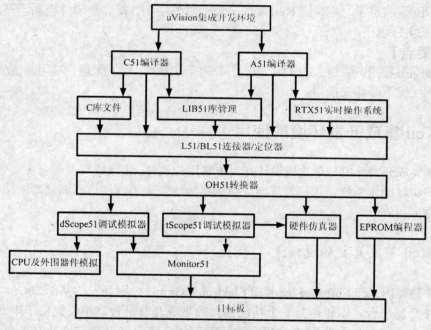

图 8-1　Keil 工具包整体结构图

对于最后转换生成的 Hex 文件既可以使用 Keil 集成的调试器 dScope51 或 tScope51 进行调试，也可使用仿真器直接对目标板进行调试，或者直接写入程序存储器如 EPROM 中。

8.1.3 Keil 工具套件介绍

上节介绍了 Keil 51 开发套件全部工具，Keil 针对不同的开发者，提供了不同的工具套件，下面我们将按照功能由强到弱，依次介绍。

1．PK51-C51 专业开发者套件

PK51-C51 包括了专业的 8051 开发者创建复杂应用系统所需要的一切工具，该套件所包含的主要组件如下：

◆　C51 优化 C 编译器；

◆　A51 宏汇编器；

◆　BL51 代码连接器/定位器；

◆　OC51 目标文件转换器；

◆　OH51 目标十六进制转换器；

◆　LIB51 库文件管理器；

◆　dScope-51 模拟器/调试器；

◆　tScope-51 目标调试器；

◆　Monitor-51 ROM 监视和终端程序；

◆　集成开发环境：RTX-51 Tiny 实时操作系统。

另外专业开发者套件还包括为用户提供的两个开发工具 Windows 版 dScope-51 模拟器/调试器和 Windows 版 uVision/51 集成开发环境。专业开发者套件可配置用于所有 8051 派生器件，该套件中所有工具需运行在 IBM PC386 或以上兼容机的 DOS 环境下。

2．DK51-C51 开发者套件

DK51-C51 开发者套件是为那些需要在完全 DOS 环境下进行 8051 开发的用户设计的。该套件可使用户在 DOS 开发平台上创建复杂的嵌入式应用系统。该套件包括以下组件：

◆　C51 优化 C 编译器；

◆　A51 宏汇编器；

◆　BL51 代码连接器/定位器；

◆　OC51 目标文件转换器；

◆　OH51 目标十六进制转换器；

◆　LIB51 库文件管理器；

◆　dScope-51 模拟器/调试器；

◆　tScope-51 目标调试器；

◆　Monitor-51 ROM 监视和终端程序。

开发套件可配置用于所有 8051 派生器件，该套件中所有工具需运行在 IBM PC386 或以上兼容机的 DOS 环境下。

3．CA51-C51 编译器套件

CA5-C51 编译器套件是需要 C 编译器而不需要调试系统的开发者的最佳选择套件。该套件可使开发者为目标硬件创建 8051 应用系统，可配置用于所有的 8051 派生器件。该套件中的工具需运行在 IBM PC386 或以上兼容机的 DOS 环境下。

4．A51-A51 宏汇编器套件

A51 宏汇编器套件包括 8051 汇编器和所有创建 8051 应用系统所需的工具。该汇编器套件可配置用于所有的 8051 派生器件，该套件中的工具需运行在 IBM PC386 或以上兼容机的 DOS 环境下。

5．DS51-dScope-51 模拟器套件

DS51 模拟器套件包括与 A51 汇编器套件一起使用的调试器/模拟器和 CA51 编译器套件。由于模拟器可对程序指令进行单步操作，使用该套件可迅速找出 8051 应用系统出现问题的位置，还可以观察程序变量 SFR 和存储器。该套件包括以下组件：

◆ dScope-51 模拟器/调试器；
◆ tScope-51 目标调试器；
◆ Monitor-51 ROM 监视和终端程序。

该模拟器套件可配置用于大多数 8051 派生器件。该套件中的工具需运行在 IBM PC386 或以上兼容机的 DOS 环境下。

6．FR51 RTX 51 Full 实时内核程序

FR51 RTX 51 Full 实时内核程序是一个用于 8051 单片机的实时操作系统。RTX-51 Full 全实时内核提供特征超集以及 BITBUS 和 CAN 通信协议界面库。表 8-1 为每个开发工具套件的项目清单，通过该表用户可选择最合适的工具套件。

表 8-1　开发工具套件比较表

组　件	PK51	DK51	CA51	A51	FR51
IDE	√	√	√	√	
windows	√				
DOS	√	√	√	√	
A51 汇编器	√	√	√	√	
C51 编译器	√	√	√		
LIB51 库管理器	√	√	√	√	
BL51 连接器/定位器	√	√	√	√	
调试/模拟器	√	√			
RTX-51 Tiny	√				
RTX-51 Full					√

8.1.4　Keil 软件的安装

用户的开发机必须满足最小的硬件和软件要求才能确保编译器以及其他程序功能正常。Keil 软件的使用至少应该满足下面的要求。

处理器：Pentium-II 或兼容的 PC 处理器。

操作系统：Windows95 或 Windows NT4.0。

内存：16MB RAM 以上。

硬盘：20MB 以上。

在满足以上条件的基础上，可以安装 Keil 软件。具体的步骤如下：

（1）将正版的 Keil 软件打开，进入其中的 setup 文件夹，双击 Setup.exe，弹出如图 8-2 所示窗口，开始安装 uVision2。

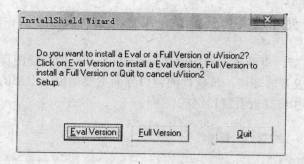

图 8-2　Keil 选择安装界面

（2）选择 Full Version，点击 Next，出现安装路径选择界面（可直接按默认路径安装）。选择完路径后点击 Next 弹出注册窗口，如图 8-3 所示。

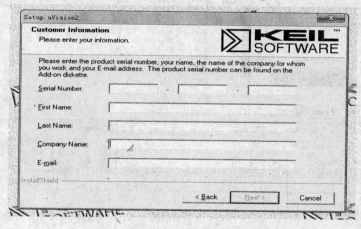

图 8-3　Keil 安装初始信息的输入

（3）填写完整的序列号，以及用户名等信息后就开始文件的拷贝和安装。安装成功后如图 8-4 所示。

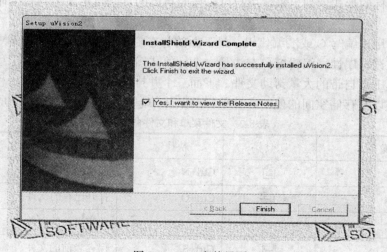

图 8-4　Keil 安装界面

8.1.5　Keil 集成开发环境菜单及窗口介绍

完成 Keil 的安装后，桌面会自动生成名为 Keil uVision 的快捷图标，双击图标即可进入如图 8-5 所示的集成开放环境，该软件的窗口界面主要由位于上部的菜单栏和工具栏和位于下部的编辑窗口和信息查看窗口组成。

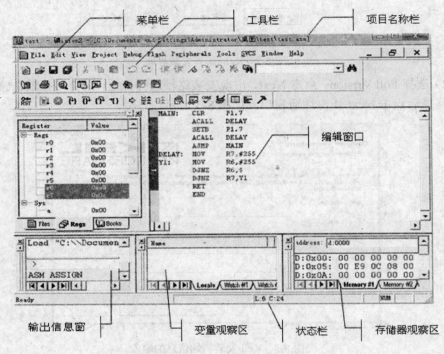

图 8-5　Keil 窗口界面

菜单栏将用户的操作命令按照不同的类型组织到不同的菜单项里，工具栏将最常用的命令以快捷图标的形式罗列出来，用户可以按照自己的喜好自定义工具栏里命令图标的布局。

编辑窗口用于编写 C 或汇编代码，最下面的状态栏将显示当前编辑窗口中鼠标所在的代码行号以及读写属性。编辑窗口左边是一个标签式窗口，分别用于查看工程的文件，寄存器的值以及工具自带的大量帮助文件。下面三个并排的窗口分别用于显示程序的输出信息、变量的值以及存储空间的值。各菜单栏的具体信息如下表 8-2～表 8-10 所示。

表 8-2　文件菜单和文件命令

File 菜单	工具栏	快捷键	描述
New	▤	Ctrl+N	创建一个新的文件
Open	📂	Ctrl+O	打开已有的文件
Close			关闭当前的文件
Save	💾	Ctrl+S	保存当前的文件

File 菜单	工具栏	快捷键	描述
Save As			保存并重新命名当前的文件
Save All	▣		保存所有打开的文件
Device Database			维护 uVision 器件数据库
Print Setup			设置打印机
Print	🖨	Ctrl+P	打印当前的文件
Print Preview			打印预览
Exit/			退出，并提示保存文件

表 8-3　编辑菜单和编辑器命令

Edit 菜单	工具栏	快捷键	描述
Undo	�	Ctrl+Z	撤销上一次操作
Redo	↻	Ctrl+Shift+Z	重做上一次撤销的命令
Cut	✂	Ctrl+X Ctrl+Y	选中的文字剪切到剪贴板 当前行的文字剪切到剪贴板
Copy	📋	Ctrl+C	选中的文字复制到剪贴板
Paste	📋	Ctrl+V	粘贴剪贴板的文字
Indent Selected Text	⇥		选中文字右缩进一个制表符
Unindent Selected Text	⇤		选中文字左缩进一个制表符
Toggle Bookmark	⬚	Ctrl+F2	在当前行放置书签
Goto Next Bookmark	⬚	F2	光标移到下一个书签
Goto Previous Bookmark	⬚	Shift+F2	光标移到上一个书签
Clear All Bookmarks	⬚		清除当前文件中的所有书签
Find	🔍	Ctrl+F F3 Shift+F3	在当前文件中查找文字 继续向前查找文字 继续向后查找文字
Replace		Ctrl+H	替换特定文字
Find in Files	🔍		在几个文件中查找文字

表 8-4　视图菜单和视图命令

View 菜单	工具栏	快捷键	描述
Status Bar			显示或隐藏状态栏
File Toolbar			显示或隐藏文件工具栏
Build Toolbar			显示或隐藏编译工具栏
Debug Toolbar			显示或隐藏调试工具栏
Project Window			显示或隐藏工程窗口
Output Window			显示或隐藏输出窗口
Source Browser			打开源（文件）浏览器窗口
Disassembly Window			显示或隐藏反汇编窗口
Watch & Call Stack			显示或隐藏观察和堆栈窗口
Memory Window			显示或隐藏存储器窗口
Code Coverage Window			显示或隐藏代码覆盖窗口
Performance Analyzer			显示或隐藏性能分析窗口
Serial Window #1			显示或隐藏串行窗口 1
Toolbox			显示或隐藏工具箱
Periodic Window Update			周期刷新调试窗口
Workbook Mode			显示或隐藏工作薄窗口
Options			设置颜色、字体、快捷键

表 8-5　工程菜单和工程命令

Project 菜单	工具栏	快捷键	描述
New Project			创建一个新的工程
Import uVision Project			输入一个 uVision 工程文件
Open Project			打开一个已有的工程
Close Project			关闭当前的工程
Target Environment			定义工具系列
Targets，Group，Files			维护工程的对象、文件组
Select Device for Target			从器件数据库选择一个 CPU
Remove			从工程中删去一个组或文件
Options		Alt+F7	设置对象、组或文件
File Extensions			选择文件的扩展名
Build Target		F7	转换修改过的文件
Rebuild Target			转换所有的源文件
Translate		Ctrl+F7	转换当前的文件
Stop Build			停止当前的编译进程
Flash Download			打开最近使用的工程文件

表 8-6　调试菜单和调试命令

Debug 菜单	工具栏	快捷键	描述
Start/Stop Debugging	@	Ctrl+F5	启动或停止 uVision2 模式
Go		F5	运行到下一个有效的断点
Step		F11	跟踪运行程序
Setp Over		F10	单步运行程序
Step out of current		Ctrl+F11	执行到当前函数的程序
Run to Cursor line		Ctrl+F10	程序执行到光标处
Stop Running		ESC	停止程序运行
Breakpoints			打开断点对话框
Insert/Remove Breakpoint			在当前行设置/清除断点
Enable/Disable Breakpoint			使能/禁用当前行的断点
Disable All Breakpoints			禁用程序中所有断点
Kill All Breakpoints			清除程序中所有断点
Show Next Statement			显示下一条执行的语句/指令
Enable/Disable Trace			开启跟踪记录
View Trace Recording			显示以前执行的指令
Memory Map			打开存储器空间配置对话框
Performance Analyzer			打开性能分析器设置对话框
Inline Assembly			对某一行重新汇编
Function Editor			编辑调试函数和配置文件

表 8-7　外围器件菜单

Peripheral 菜单	工具栏	快捷键	描述
Reset CPU	RST		复位 CPU
Interrupt			设置硬件中断
I/O- points			选择 I/O 端口
Serial			选择串口
Timer			选择定时器

表 8-8　工具菜单

Tools 菜单	工具栏	快捷键	描述
Setup PC-Lint			配置 PC-Lint
Lint			当前编辑文件中运行 PC-Lint
Lint all C Source Files			C 源代码文件中运行 PC-Lint
Setup Easy-Case			配置 Easy-Case
Start/Stop Easy-Case			启动/停止 Easy-Case
Show File（Line）			当前编辑文件运行 Easy-Case
Customize Tools Menu			将用户程序加入工具菜单

表 8-9　视窗菜单

Windows 菜单	工具栏	快捷键	描述
Cascade			层叠所有窗口
Tile Horizontally			横向排列窗口（不层叠）
Tile Vertically			纵向排列窗口（不层叠）
Arrange Icons			在窗口下方排列图标
Split			将激活窗口拆分成几个窗格
1-9			激活选中的窗口对象

表 8-10　帮助菜单

Help 菜单	工具栏	快捷键	描述
uVision Help			打开 uVision 帮助主题
Open Books Window			打开 uVision 自带的帮助书
Simulated Peripherals			打开所选 CPU 的帮助文件
Internet Support			访问网络支持页面
Contact Support			与 Keil 公司联系
Check for Update			检查更新
About uVision			软件信息查看

8.1.6　Keil IDE 环境的使用

下面将按照一个项目的开发步骤介绍 Keil 开发环境的使用。

1．工程的建立

成功安装后，将会自动在桌面生成一个快捷图标，如图 8-6 所示，双击该图标即打开 Keil 集成开发环境。

图 8-6　Keil 快捷图标

如果上一次编译过一个工程，则软件启动后默认将打开上一次编译过的工程。如果要重新开始一次新的应用程序开发，则应该先建立工程并做好工程的相应设置，具体步骤如下：

（1）点击菜单栏的 Project，在下拉菜单中选择 New Project 创建一个新的工程，如图 8-7 所示。

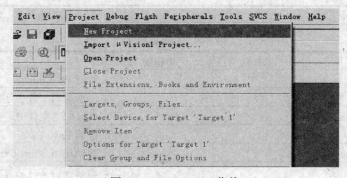

图 8-7　New Project 菜单

如果要修改以前建立的工程，可以直接选择 Project 菜单下的 Open Project 打开以前的工程进行编辑。

（2）选择好路径，填写上文件名后点击保存按钮将工程保存到所选路径下，如图 8-8 所示。

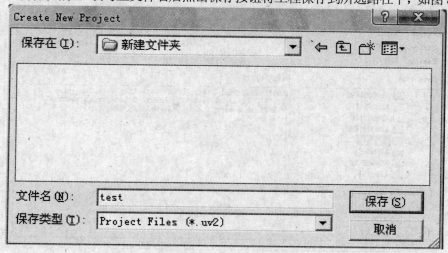

图 8-8 创建工程对话框

保存工程时注意保存的路径，对以后建立的其他源文件或头文件，尽量保存在同一目录下，否则会造成工程管理混乱。Keil uVision2 生成的工程文件是以 uv2 为后缀的。

（3）点击保存，进入如图 8-9 所示的器件选择界面。

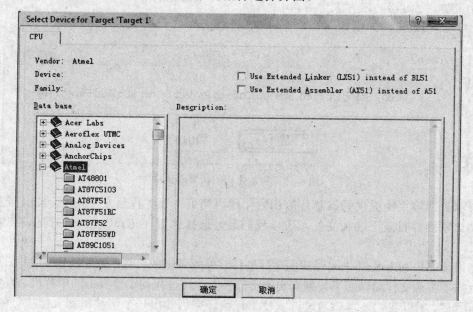

图 8-9 器件选择对话框

左边列出的是按厂家进行分类的器件组，Keil 针对各 CPU 制造商的不同型号 CPU 模块完成不同的特定编译。我们的实验板使用的是 Atmel 公司的 At89S52 芯片，如图 8-10 所示，选择 AT89S52。

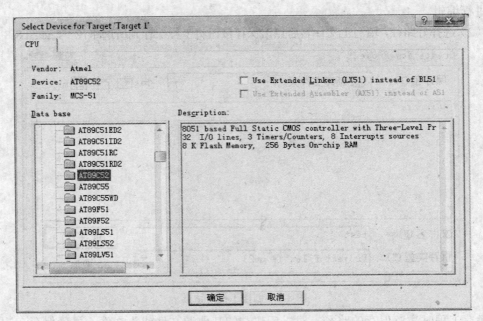

图 8-10　AT89S52 芯片选择界面

左边选择了芯片型号以后，右边 Description 栏会给出所选择的芯片的具体参数，如内核、端口数、定时器、内存大小等。

（4）点击确定，弹出如图 8-11 所示的对话框。

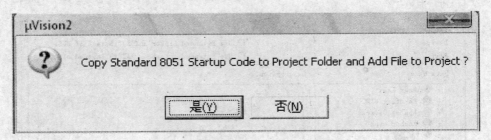

图 8-11　初始化代码拷贝确认框

表示是否将系统提供的该芯片的初始化代码拷贝在该工程目录下，由于 Keil 连接器能够自动识别器件目录下的头文件，所以我们最好选择"否（NO）"，一个工程即被建立。

2．工程的设置

如果我们只利用 Keil 来编译源程序并进行软件的调试或仿真，工程就建立完毕，但我们实际上需要将源文件编译后下载到真实的实验板上，通过我们实验板上的单片机 AT89S52 去执行程序，所以我们还需要通过设置使工程编译完后输出一个可被机器直接执行的文件，因此我们还得完成工程设置这一步。

在编译器左边的 Files 窗口中选中 Taget1，点击右键，如图 8-12 所示。

图 8-12　TARGET 设置

选择 Option for Target 'Target 1'，即打开了工程的配置窗口，如图 8-13 所示。

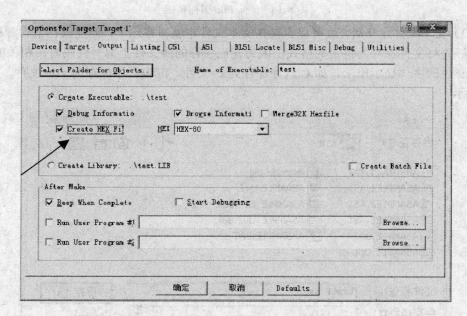

图 8-13　工程的配置窗口

一个工程的配置分成 8 个部分。

◆　Target 用户最终系统的工作模式的设定，它决定用户系统的最终框架；

◆　Output 工程输出文件的设定，例如是否输出最终的 Hex 文件以及格式设定；

◆　List 列表文件的输出格式设定；

◆　C51 使用 C51 处理的一些设定；

◆　A51 使用 A51 处理的一些设定；

◆　BL51 Location 连接时用户资源的物理定位；

◆　BL51 MISC BL51 的一些附加设定；

◆　Debug 硬件和软件仿真的设定。

根据前面提到的需要我们选择 output 标签对工程的输出进行设置，将如图中箭头所指处的复选框选中，表示程序编译完成后生成可下载到机器上执行的十六进制文件。生成的文件自动保存在工程目录下，点击确定，完成工程的建立。

用户根据需要对其他几个部分完成设置后一个完整的工程就已经建立完毕了。

3．向工程里加入文件

（1）工程建立以后，我们需要向其中加入源文件，用来保存用户输入的源代码。点选 File 菜单或直接点击 File 下面的"New File"图标开始新建一个空的文本，如图 8-14 所示。

图 8-14　New File 图标按钮

（2）文本文件建立后，就可以直接在文本文件中编辑程序了，但建议在编辑源程序以前，最好先将文件保存为特定的格式，因为在已保存的源文件上编写代码时，相关的关键字会以彩色的字体显示出来。如 C 程序保存为.c 文件，汇编程序保存为.asm 文件，如图 8-15 所示。

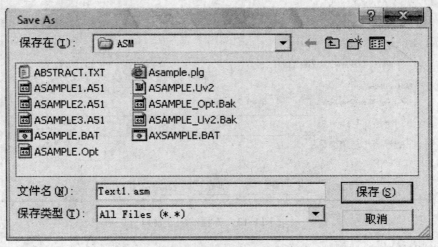

图 8-15　文件保存对话框

软件默认的新文件名是 Text 加数字组成的，用户最好选择一个便于记忆的名字，这也是良好的编程规范所要求的。

（3）文件保存后，还需要将其添加到相应的工程里，具体方法如图 8-16 所示。

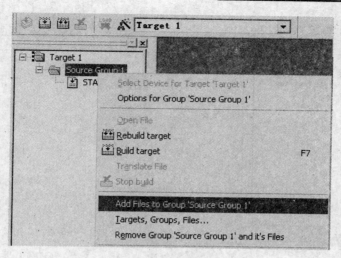

图 8-16 文件添加到工程中

选择如上图菜单项，将需要的文件添加到该工程目录下。这样不仅便于通过工程管理文件而且可以十分方便地通过软件的文件视图窗口查找文件，文件视图窗口如图 8-17 所示，其中的 STARTUP.A51 是前面建立工程时选择后由软件根据 cpu 类型自动生成的初始化文件，Text.asm 是用户新建的一个汇编源文件。

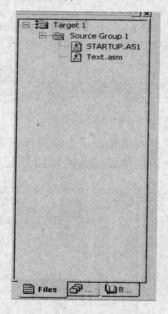

图 8-17 文件视图

4．程序的编译调试

为了介绍如何用 Keil 进行程序调试，我们举个很简单的单片机延迟程序的例子，并完成对汇编源代码的编译和调试工作，读者先不用理解程序的语句，只需要知道该程序实现每隔一个固定时间改变指定端口的电平高低，如果该指定端口外接了一个发光二极管，则该二极管就会表现出周期性的亮和灭。程序代码显示如图 8-18 所示。

Target 1
Target 1
Source Group 1
test.asm
MAIN: CLR P1.7
ACALL DELAY
SETB P1.7
ACALL DELAY
AJMP MAIN
DELAY: MOV R7,#255
Y1: MOV R6,#255
DJNZ R6,$
DJNZ R7,Y1
RET
END
Files

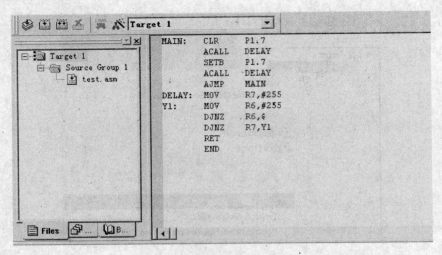

图 8-18　延时子程序

对于程序编辑完成后，我们可以通过按“F7”或者鼠标点击按钮直接编译，输出栏中将会提示编译信息。如错误信息、警告信息、文件的大小等，如图 8-19 所示。

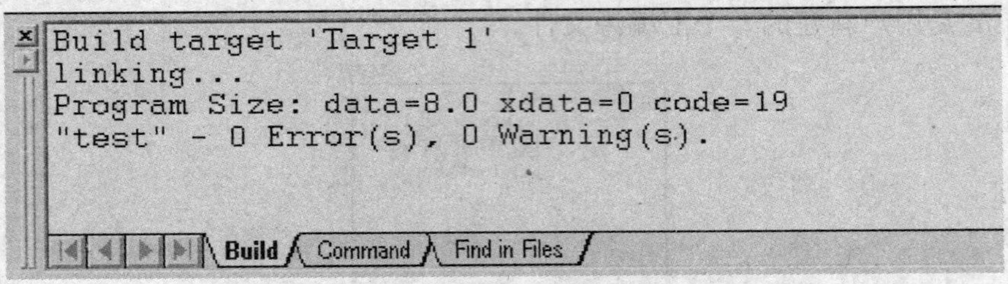

Build target 'Target 1'
linking...
Program Size: data=8.0 xdata=0 code=19
"test" - 0 Error(s), 0 Warning(s).
Build
Command
Find in Files

图 8-19　编译结果输出窗口

如果我们编写的代码有语法上的错误，点击编译按钮后，在输出窗口也会输出提示信息，提示程序的第 7 行编译发现语法错误。如图 8-20 所示。

DELAY: MOV R7,#255
Y1: MOVS R6,#255
DJNZ R6,$
DJNZ R7,Y1
RET
END
Files
Build target 'Target 1'
assembling test.asm...
test.asm(7): error A9: SYNTAX ERROR
Target not created

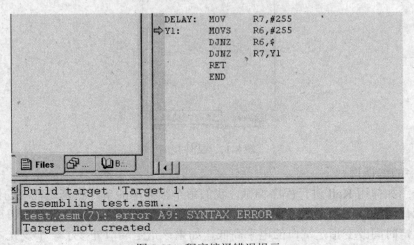

图 8-20　程序编译错误提示

如果程序没有错误，根据我们在第一步最后的输出设置，编译器在编译通过后会生成一个与工程名同名的十六进制文件（*.hex）。我们可以先用软件模拟的形式来调试程序的运行情况，选择 Debug 菜单的 Start/Stop Debug Session，如图 8-21 所示。

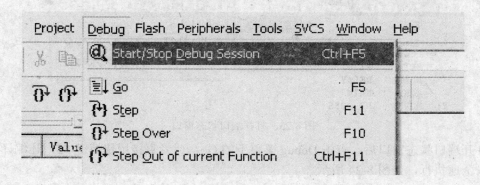

图 8-21　Debug 选择菜单

进入 Debug 状态后，我们可以选择多种调试方式，如断点、单步执行、、跟踪等，甚至可以直接打开与源程序对应的机器代码，在程序运行过程中，我们同样可以查看 CPU 的内部资源情况，以及寄存器数据变化情况等，如图 8-22 所示。

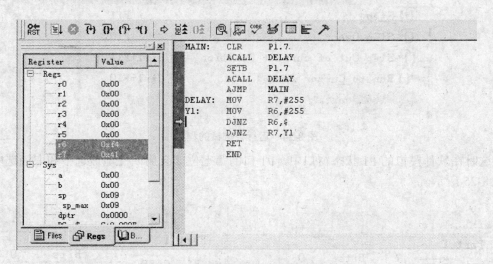

图 8-22　调试状态下的寄存器查看窗口

由于我们的汇编程序里用到了 R6 和 R7 两个通用寄存器，所以，寄存器查看窗口里两个寄存器的值在变化。

我们可以具体选择内部资源的某个模块进行观察，方便程序的调试，针对本例子，由于我们的程序会改变 P1 端口的输出值，所以调试时我们选择 Peripherals 菜单下的 I/O-Ports 1，打开相应端口的软件模拟状态窗口，如图 8-23 所示。

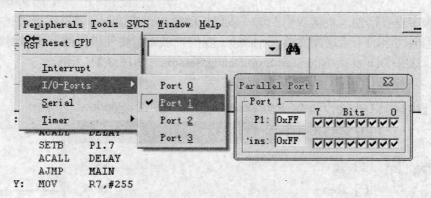

图 8-23　打开端口状态窗口

打开端口状态窗口后，点击 Debug 菜单下的 Go，或者直接用快捷键 F5，让编译好的程序以全速执行，如图 8-24 所示。

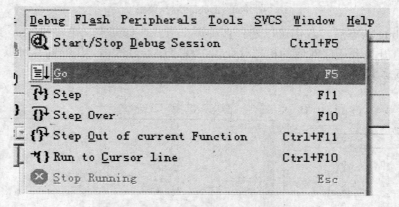

图 8-24　运行被调试的程序

这时在软件模拟的 P1 状态窗口中，P1 口的第七位即会周期性地被选中和取消选中。如图 8-25 所示。

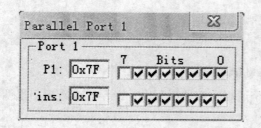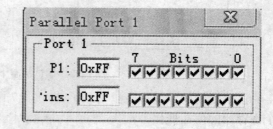

图 8-25　P1 口状态变化对比

从上图可以看出，在调试中，我们可以选择内部具体的资源情况进行查看，如中断、I/O 端口、串口、定时器等，显示所选器件的具体信息。如图 8-26 所示为所选存储器的观察界面。

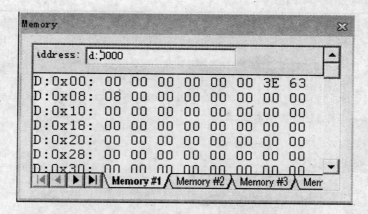

图 8-26　存储器界面

　　存储器界面可以仿真内部存储器的内容。在地址框中输入需要观察的存储器地址，界面中将显示以该地址为起始地址的存储器内容。地址前面的前缀代表不同的显示内容。如果在输入的地址前面加前缀"D："表示观察内部数据存储区内容；加前缀"C："表示观察内部程序存储区内容；加前缀"I："表示观察立即地址的内容。

　　我们也可以通过 View 菜单项选择机器代码窗口、汇编代码窗口（C 源程序）、程序性能分析窗口等。配合使用这些友好的界面，我们在程序调试过程中，就可以及时、全面地掌握程序的运行情况。

　　关于其他的调试命令，如单步、设置断点等的使用方法同于其他高级语言的调试，由读者自行学习使用。

8.2　CS-III 单片机开发板的使用

　　CS-III 单片机开发板由西南科技大学计算机学院专门从事嵌入式设计和开发的教师设计完成。这批教师有丰富的单片机教学和工程经验。系统的设计开发结合教学和工程设计进行。在开发过程中，反复实验并不断完善，并根据实验板可做实验的多样性、可实际利用性、可扩展性、低成本性和灵活购买五方面的特性设计出该款产品，最终使该实验板成为最有利于初学者学习及以后开发使用的实验板。

8.2.1　CS-III 单片机开发板介绍

　　本设备使用 USB 接口进行供电和数据传输，不需要单独供电。在学习和开发的时候，只需要将系统插入 PC 机的 USB 接口，就可以进行设计和开发，使用十分方便。系统还提供了丰富的外围资源，简化开发过程，为学习和相关项目的开发提供仿真调试平台。

　　本实验板汇集了全部单片机初学时所需要完成的基本实验功能，同时也为开发者提供大量的外围接口，主要包括：流水灯、数码管、蜂鸣器、定时器、计数器、串口通信、红外通信、按键实验、脉冲中断实验、IIC 通信实验等基本实验，以及通过扩展组件实现的 LED 显示实验、LCD 液晶显示等实验。开发板如图 8 - 27 所示。

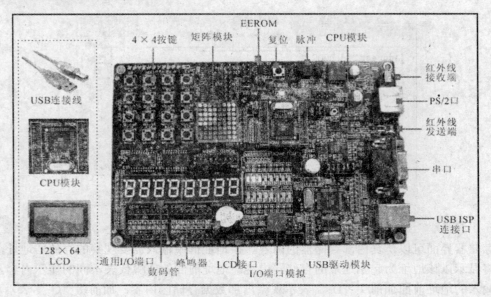

图 8-27　开发板图

开发板主要功能和特点如下：

（1）使用 CPU 主模块与实验板分离设计的方式，兼容不同类型的单片机模块。

（2）采用 USB 口 ISP 通信技术，支持在线编程，不需再单独配备电源，方便用户开发。

（3）所有 I/O 端口全部引出，方便与外部端口连接搭配。

（4）实验板上的功能器件设计时预留出许多跳线接口，减少过多的飞线连接。

（5）两路端口模拟显示，可直接模拟端口高低电平状态，方便用户观察。

（6）8 位数码管显示，方便开发秒表、计算器以及显示特殊提示信息等。

（7）4×4 矩阵键盘，状态模拟 LED，可作键盘全扫描和逐行扫描，方便键盘功能开发。

（8）独立脉冲产生模块，可产生脉冲及方波，配合中断和计数器使用。

（9）普通键盘接口和鼠标接口，方便用户开发通信协议。

（10）串转并方式进行端口扩展，配合汉字点阵模块显示，可作汉字显示和字库开发。

（11）预留出可供扩展的显示模块接口。

（12）具有发声单元，配合定时器方便用户开发电子音乐盒。

（13）具有 RS232 转换电路，完成 UART 通信实验，可与上位机进行通信设计。

（14）具有液晶显示模块接口，方便用户开发液晶显示以及菜单系统的设计。

（15）红外模块，数据传输载波可调，便于用户进行红外产品及无线通信协议的开发。

8.2.2　单片机开发板驱动的安装

当用 USB 连接线将开发板连到开发机的 USB 口后，系统会自动弹出如图 8-28 所示的对话框。

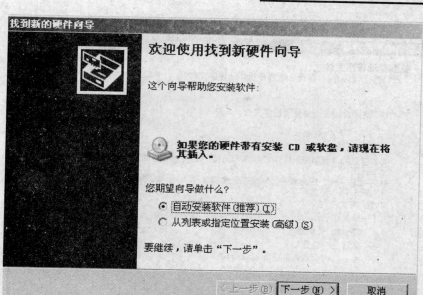

图 8-28 驱动程序向导

点击下一步进入硬件安装向导界面，如图 8-29 所示。

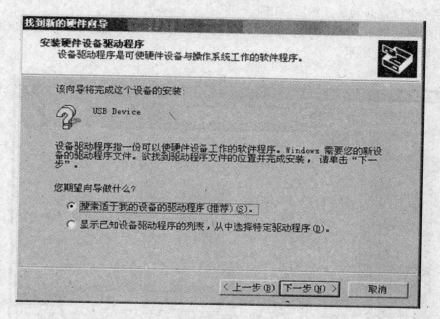

图 8-29 硬件安装向导

选中搜索适于我的设备的驱动程序，然后点击下一步，可以看到如图 8-30 所示的界面。

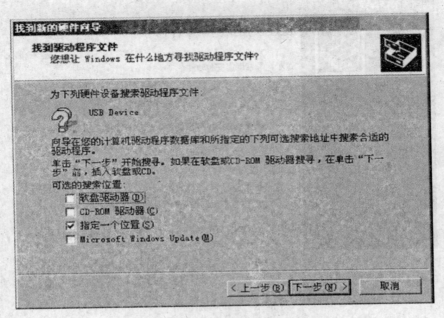

图 8-30　找到新的硬件向导

在指定一个位置前勾选，然后点击下一步。

在弹出的对话框中，点击浏览，选择开发板附带光盘中驱动程序文件夹下的 CS-III.inf 驱动文件，如图 8-31 所示。

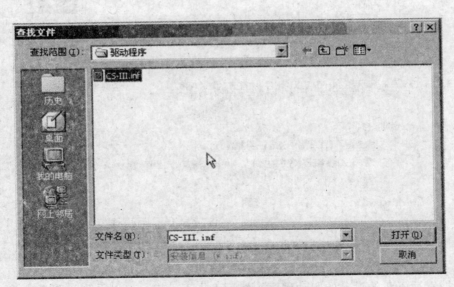

图 8-31　驱动文件选择

选择了驱动文件以后，系统开始复制相应的驱动文件，复制完毕后硬件向导将提示设备驱动安装完成，如图 8-32 所示。

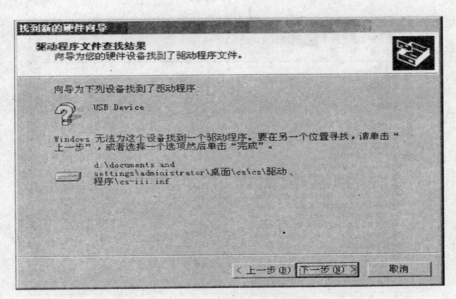

图 8-32　找到新的硬件向导

点击下一步，直到完成硬件安装，如图 8-33 所示。

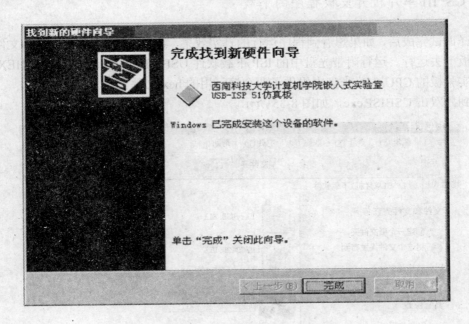

图 8-33　找到新的硬件向导

如果顺利完成安装，那么打开我的电脑→属性→硬件→设备管理器后，在通用串行总线控制器条目下就会增加名为西南科技大学计算机学院嵌入式实验室 USB-ISP 51 仿真板的一项，如图 8-34 所示，说明开发板的驱动已经成功安装。

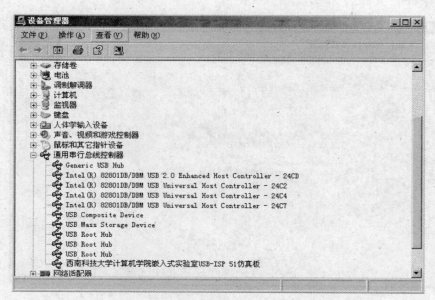

图 8-34　完成驱动安装

8.2.3　CS-III 单片机开发板程序的下载

编译调试完成后，如果想看到程序运行的真实效果，我们需要将生成的 HEX 文件下载到实验板上去运行。运行附带光盘中的 ISP 下载软件 USBISP，将编译器生成的 HEX 文件装载进实验板的 CPU 中，光盘中提供了两个演示用的 hex 文件。

找到并双击 USBISP.exe，如图 8-35 所示。

图 8-35　下载软件

下载程序软件界面如图 8-36 所示。

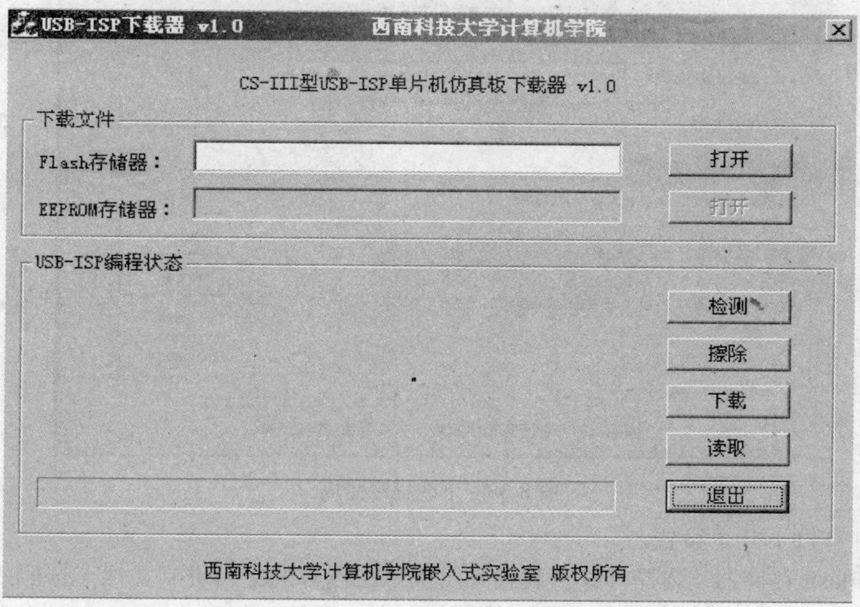

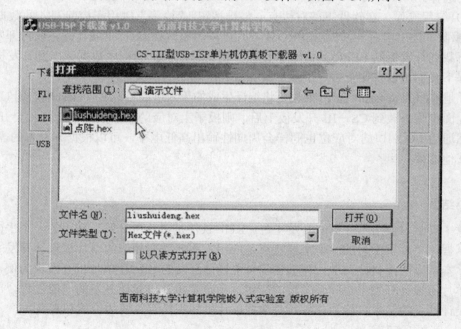

图 8-36 下载器界面

点击打开按钮，选择要下载到开发板上的 hex 文件，如图 8-37 所示。

图 8-37 下载程序

程序开始将文件下载到开放板上，界面下方显示传输进度条，传输完成后显示统计出完成次数、失败次数以及总次数，如图 8-38 所示。

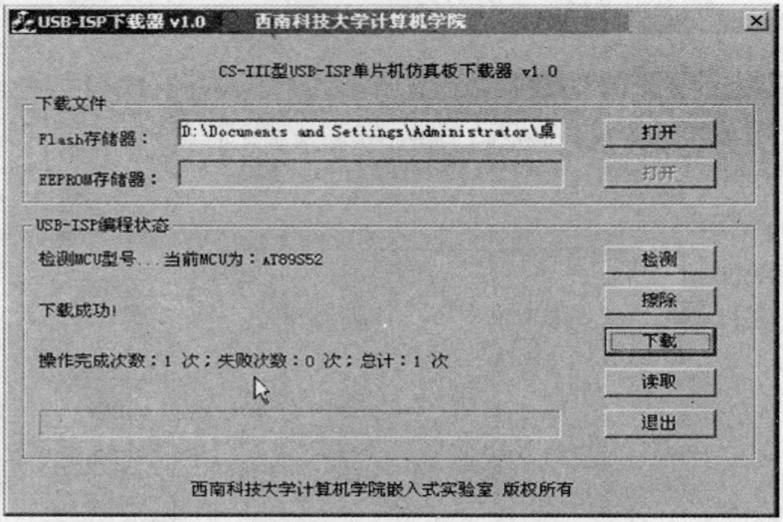

图 8-38　下载程序完成

该软件有以下几个设置。

（1）Flash 存储器。选择打算下载到开发板上去运行的十六进制文件（.hex）或二进制文件（.Bin）。

（2）EEPROM 存储器。只要前面的 USB 连接及开发板驱动正常完成，此项将变灰，不用手动选择。

（3）编程操作。在软件下部右边有一竖排按钮，"检测"键用于校验写入的数据是否正确；"擦除"键用于对开发板 EEPROM 芯片上内容整片擦除；"下载"键完成将开发机上的文件下载到开发板的 EEPROM 上；"读取"键将开发板上的程序数据读出到开发机上。一般情况下我们可以直接点击"下载"键完成相应程序的下载。

同样是前面的 test.asm 程序，如果是将编译生成的十六进制目标文件（test.hex）用 USBISP 软件按上面步骤下载到 CS‐III 开发板上后，则板子上对应的端口模拟指示灯就会开始闪烁，当然通用 I/O 端口的对应位也同样会周期性输出高低电平，可以根据开发者的需要将其外接其他器件。

【本章小结】

本章主要学习使用单片机的开发平台。Keil 软件是单片机开发最常用的一个平台，应该熟练掌握。单片机学习的一个重要特点是应用，因此需要相应的单片机设计开发平台进行应用。本章以西南科技大学计算机学院自主设计开发的 CS-III 单片机开发板为例，详细介绍了单片机设计开发平台和开发板的应用，示范了单片机设计开发的一般过程，明确了单片机设计开发的基本目标和任务，对掌握单片机知识具有重要的价值和意义。

8.3　习题

使用 Keil 及开发板熟练地完成一个完整的单片机程序。

第 9 章　单片机应用设计

【教学目的】

本章以简单实用的例子剖析 51 单片机的应用方式，结合单片机实验开发板，编写读者实用的汇编程序，加深对单片机理论知识的理解。

【教学要求】

通过本章学习，要求能够掌握 51 单片机汇编程序的编写方法和调试方法，理解单片机实验板的使用方法，熟练编写 51 单片机各功能模块的应用程序，并掌握单片机的应用方式。

【重点难点】

本章重点是要求读者掌握汇编程序的设计方法，并结合具体的设计案例进行实际程序的编写。本章难点是对每个设计案例的应用方法。

【知识要点】

本章的重要知识点有汇编程序设计的方法，子程序设计，中断程序的设计，定时器/计数器的设计和应用，LED 应用设计，键盘应用设计，看门狗应用设计等。

9.1　子程序设计

子程序又称为过程，它相当于高级语言中的过程或函数。在一个程序的不同部分，往往要用到类似的程序段，这些程序段的功能和结构形式都相同，只是某些变量的赋值不同，此时就可以把这些程序段写成子程序形式，以便需要时可以调用它。有些程序段可能会被经常用到。例如：将十进制数转换为二进制数、二进制数转换为十六进制数并显示输出、软件延时等。对于这些常用的特定功能的程序段，也经常被编制成子程序的形式以供用户使用。

模块化程序的设计方法是按照各部分程序所实现的不同功能把程序划分为多个模块，各个模块在明确各自的功能和相互间的连接约定后，就可以分别编制和调试程序，最后把它们连接起来，形成一个大程序。这是一种很好的设计方法，子程序结构就是模块化程序的基础。

9.1.1　子程序的定义

在这一小节里，我们给出了在 Keil A51 下定义子程序的一般方法。子程序在 Keil A51 环境下分为两种：一种是普通的子程序，另一种是中断子程序。下面我们就这两种子程序分别说明。

（1）普通子程序：普通子程序是指通常意义上的子函数。我们通过 ACALL 或 LCALL 指令调用这个子程序，子程序的最后一条指令必须是 RET。子程序基本的定义方式如下所示，其中 Sub_proc_xxx 为子程序的标识符。

```
Sub_proc_xxx:        ; 子程序标识符，通过该标识符调用该子程序
    ; source code      ; 中间添加实现子程序功能的代码
    RET              ; 标识该子程序结束，返回调用该子程序的下一条指令继续执
行
```

（2）中断服务子程序：中断服务子程序是专门为中断服务的一种子程序，其定义以及调用的方式都与普通子程序有一定的区别。我们首先来看中断子程序的定义方式。

```
xxx_ISR:             ; 子程序标识符
    ; source code      ; 中间添加实现子程序功能的代码
    RETI             ; 中断服务程序返回
```

从上面的定义可以看出，中断服务子程序的最后一条指令是 RETI，这与普通子程序是不一样的，大家写程序的时候一定要注意。中断函数返回时所进行的操作也和普通子程序返回时不一样，它们的区别已经在前面的章节中讲过，这里不再赘述。

9.1.2　子程序的调用

对于普通子程序的调用在前面的章节中已经讲过，我们这里重点讨论中断服务子程序的调用。一般来说中断子程序不应直接用 ACALL 或 LCALL 指令加以调用，因为中断服务子程序是用来处理中断服务的。当中断发生的时候，若全局的中断被开启（EA=1），处理器将自动查询中断向量表，并转入相应的中断服务子程序执行。

假设在程序中要使用外部中断 0，下面的示例代码给出怎样设置中断向量表，关于中断向量表的内容请参考中断程序编写有关章节。

```
ORG   0000H
    AJMP _main
    ORG   0003H        ; 初始化外部中断 0 的中断向量
AJMP Ex0_ISR
    ORG   0030H
_main:
    SETB IT0           ; 初始化外部中断 0，跳变触发
    SETB EA            ; 全局中断标志开
main_loop:             ; 空循环等待外部中断
    NOP
    AJMP main_loop
Ex0_ISR:               ; 外部中断 0 中断服务子程序
    ; source
    RETI               ; 中断服务子程序返回
    END                ; 源文件结束
```

从上面的例子中可以看出，使用中断服务子程序的一般流程如图 9-1 所示。

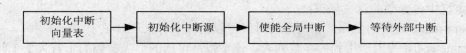

图 9-1　中断服务子程序的一般流程

9.1.3　子程序的参数传递

调用程序在调用子程序时，经常要传送一些参数给子程序；子程序运行完成后也经常要返回一些信息给调用程序。这种调用程序与子程序之间的信息传递称为参数的传递（或称变量传送或过程信息）。参数传送有以下几种方式：

（1）通过寄存器传送参数。这是最常用的一种方式，使用方便，但是参数很多时不能用这种方式。

（2）直接访问 RAM 区传送参数。可以在 RAM 区中开辟一个空间用于调用程序与子程序的参数传递。当函数的参数很多时可以采用这种方式。

（3）通过堆栈来传送参数。当调用某子程序之前，可以将子程序所需要的参数逐个入栈，进入子程序后再将参数出栈。子程序的返回值也可以通过这种方式传送。当程序有多重嵌套调用时，这种方式可能会使堆栈所占的内存区过大。

由于在 MCS-51 系列单片机上可以利用的 RAM 区很少，在具体使用的时候可以选择适当的参数传递方式。

9.2　宏定义

在上一小节中介绍了子程序，并了解到使用子程序结构具有很多优点：可以节省存储空间以及程序设计所花的时间，可以提供模块化程序设计的条件，便于程序的调试与修改等。但是，在使用子程序的时候也有一些缺点：为子程序以及返回、保存及恢复寄存器以及参数的传送都要增加程序的开销，这些操作所消耗的时间以及它们所占用的存储空间，都是为了取得子程序结构使程序模块化的优点而增加的额外的开销。因此，有时特别在子程序本身较短或者是需要参数较多的情况下，使用宏汇编就更加有利。

9.2.1　定义标准宏

下面我们来介绍在 AX51 下怎样定义一个标准的宏。
定义一个标准宏的语法如下：

```
macro-name    MACRO    [ parameter-list]
[ LOCAL local-labels ]


macro-body


ENDM
```

宏定义中各参数的意义如下：

macro-name 为宏的名称，当需要的时候可以用该名称来展开该宏。

parameter-list 为宏所用到的参数列表，该参数是可选的。当参数的个数大于 1 时，各个参数之间应该用逗号分隔开。在 Ax51 中，宏汇编的参数最多为 16 个。若要传送一个 NULL 值为宏的参数，可以简单地省略该参数就可以了，但是逗号分隔符不能省略。

local-labels 为宏定义内部所用到的标识符列表，该参数也是可选的。

macro-body：宏的主体部分。在该部分中也可以调用其他宏，调用时这些宏也将被展开。当定义一个宏时，宏并没有立即被展开，它们直到被调用时才被展开。

下面是一个宏定义的例子：

```
LOAD_R0   MACRO   R0_Val
          MOV     R0, #R0_Val
          ENDM
```

上面定义了一个名为 LOAD_R0 的宏，它的作用是将第一个参数传送到寄存器 R0 中。宏定义必须注意的几个问题：

◆ 标准宏一旦被定义了，该宏就不能被重新定义。

◆ 标准宏可以有参数，也可以没有参数。

◆ 标准宏的嵌套深度最高不能超过 9 层。

◆ 标准宏不能被递归地调用超过 9 次。

1. 标准宏的调用

标准宏的调用方式很简单，调用时只需给出宏名以及宏所需要的参数列表。语法如下：

<MCRONAME>   PARAMETER-LIST

对于上面所定义的宏 LOAD_R0，其调用方式为：

LOAD_R0   200

2. Ax51 预定义宏

在 Ax51 编译器中内建了三种宏（见表 9-1），它们可以在程序中被独立调用，也可以在宏定义中使用。

表 9-1   A51 预定义宏

REPT	repeats a block a specified number of times.
IRP	repeats a block once for each specified argument.
IRPC	repeats a block once for each character in a string.

（1）REPT 宏

REPT 宏的定义如下：

```
REPT count
macro-body
ENDM
```

（2）REPT 宏的调用方式为：

```
REPT 4
        NOP
ENDM
```

9.3 软件延时子程序的设计

CPU 执行一条指令需要一定的时间,软件延时的方法就是利用 CPU 执行一定数量的指令的方式来实现的,其中执行的指令大多是空闲指令,软件延时是建立在精确的计算基础上的,所以在设计上需要花费大量的工作去分析程序在怎么执行,以及指令执行了多少条。由于 CPU 在延迟过程中,大量耗在了空闲指令上,降低了 CPU 处理任务的效率,如果延迟的时间要求比较长,建议采用定时器的方式来进行延迟程序的设计。但如果延迟的时间要求比较短,采用软件延迟的方式,将会有更高的执行效率,例如:要产生一个尖峰脉冲,这时采用软件延迟的方式将会更容易实现。

51 单片机的内部所有时钟来源由外部晶振提供,外部晶振接在单片机的 XTAL1 和 XTAL2 引脚上,构成自激振荡器,为 CPU 提供稳定的时钟信号,频率为 Fosc。振荡器的输出经过 2 分频后构成内部时钟信号,用作单片机内部功能模块的控制信号,如定时器、串口等,频率为 Fpclk;其周期为时钟周期,表示为 Tpclk,6 个时钟周期构成一个机器周期 Tpclk,频率为 Fclk,如图 9-2 所示。

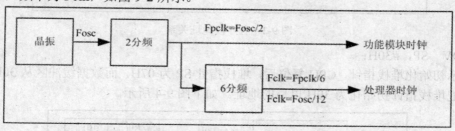

图 9-2 51 单片机内部时钟结构图

CPU 执行一条指令的时间称为指令周期,指令周期以机器周期为单位,单周期指令只需要 1 个机器周期就可以执行完成,双周期指令需要 2 个机器周期才能执行完成,51 单片机的乘法和除法是 4 周期指令,即需要 4 个机器周期才能执行完成。对于单周期指令,其执行一条指令的时间为:

Tc=(1/Fosc)* 12

如果我们采用 22.1184MHz 的晶体,那么单周期指令执行一条指令的时间可表示为:

Tc=(1/22.1184*1000000)*12 s

Tc=(1/22.1184*1000000)*12 *1000 ms

Tc=0.5425μs

例 1:利用单片机软件延迟程序,实现给定时间的延迟。

解:首先进行段定义,这是编辑一个程序所必需的,主要进行段的定义、堆栈设置、必要的初始化。

ORG   0000H

JMP START

该段程序表示在程序区的 0 地址定义程序执行的开始,CPU 复位以后,PC 指针指向 0 地址开始执行,如果没有该段定义,CPU 复位后将会导致程序的不正常执行。

ORG   0030H

START

主程序段的开始，主程序段必须跳过 0000H～0030H 的地址段，因为该段定义了中断的向量地址，只能根据中断的设定在特定的位置存放中断向量入口程序。如图 9-3 所示。

中断号	中断源	入口地址
0	系统复位	0000H
1	外部中断0	0003H
2	定时器/计数器0溢出	000BH
3	外部中断1	0013H
4	定时器/计数器1溢出	001BH
5	串口0	0023H
6	定时器/计数器2溢出	002BH

主程序段必须跳
过中断向量

图 9-3　程序段地址关系

MOV　SP，#30H；

表示初始化堆栈指针，CPU 复位后，堆栈指针 SP 为 07H，而数据缓冲区从 30H 开始，所以，把堆栈指针初始化为 30H 以后的地址。如下图 9-4 所示。

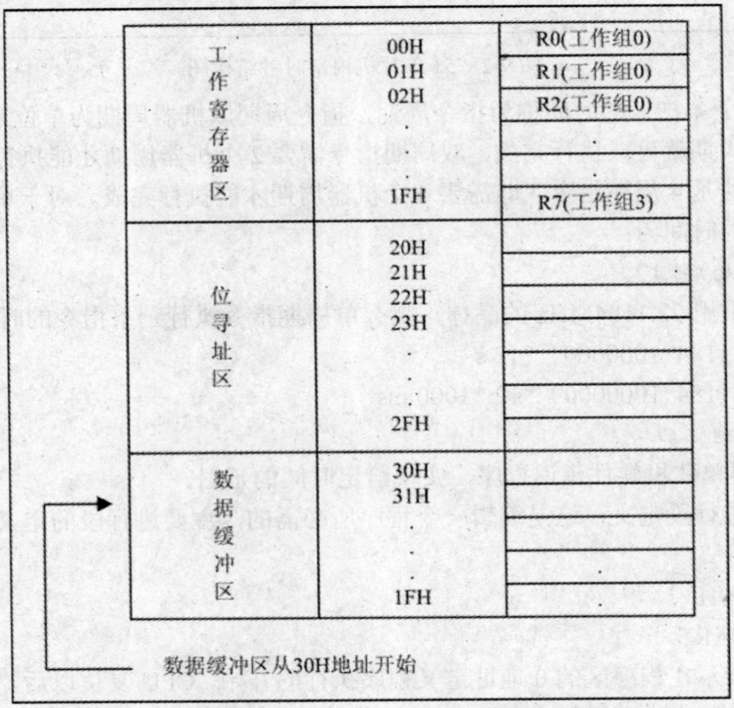

工作寄存器区	00H	R0(工作组0)
	01H	R1(工作组0)
	02H	R2(工作组0)
	·	
	1FH	R7(工作组3)
位寻址区	20H	
	21H	
	22H	
	23H	
	·	
	2FH	
数据缓冲区	30H	
	31H	
	·	
	1FH	

数据缓冲区从30H地址开始

图 9-4　数据存储器地址分配

Delay 程序段，采用了三重循环来实现延迟功能，分别对 R0、R1、R2 赋值实现不同的延迟长度。

Delay:

```
        MOV   R0，#010H
L1：    MOV   R1，#0FFH
L2：    MOV   R2，#0FFH
L3：    DJNZ  R2，L3          ；第一层循环，执行次数 r2，指令周期数 2*r2
        DJNZ  R1，L2          ；第二层循环，执行次数 r1*r2+2*r2，指令周期
                                 数 2*（r1*r2+2*r2）
        DJNZ  R0，L1          ；第三层循环，执行次数 r0*（r1*r2+2*r2）+2r0
```

从上面的程序代码来进行分析：

L3：DJNZ R2，L3 程序段：表示第一层循环，执行的条数为：

N1＝R2　条

第二层循环的代码为：

```
L2：    MOV   R2，#0FFH
L3：    DJNZ  R2，L3
        DJNZ  R1，L2
```

很显然，第二层循环包含了第一层循环，执行指令的条数为：

N2＝N1*R1+2*R1

以此类推，第三层循环所执行的指令的条数为：

N3＝N2*R0+2*R0

执行的总条数为：

N＝N1+N2+N3

N＝R2+R1R2+2R1+R0R1R2+2R0R1+2R0

N＝R2+2R0+2R1+R1R2+2R0R1+R0R1R2

当然，调用该延迟函数段还要执行入栈指令，返回也要调用出栈指令，如果延迟时间相对比较长，可以忽略不计。

由于以上循环程序里面所有的指令均为双周期指令，所以执行以上循环所实现的延迟时间为：

T ＝2*N*Tc

在上述程序段中，给 R0 赋值 10H，R1 赋值 FFH，R2 赋值 FFH，在 22.1184MHz 晶振下算得：T ＝1.14s

程序的完整代码如下：

```
/***************************Copyright （c） ***************************/
;  **    日期：    2007.10.22
;  **    描述：    单片机软件延迟程序，利用软件延迟的方法，实现给定时间的延迟。
;  **    版本：    V1.0
;  **    作者：    GXM
;  **
```

```
; **-------------Delay.asm 文件
; **---------------------------------------------------------------------------------------*/
; /*开始段定义*/
ORG     0000H
        JMP START
ORG     0030H
        START:
        MOV SP, #30H           ; 设置堆栈指针
; /*结束例行公事*/
Loop:
        MOV   P1，#0FFH
        LCALL   Delay
        MOV   P1，#00H
        LCALL   Delay
        JMP   Loop
Delay:                         ; 延迟子程序；R0，延迟系数，调节延迟时间
        MOV   R0, #010h
L1:     MOV   R1, #0FFh
L2:     MOV   R2, #0FFh
L3:     DJNZ   R2, L3          ; 第一层循环执行次数 R2，指令周期数 2*R2
        DJNZ   R1, L2          ; 第二层循环执行次数 R1*R2+2*R2
        DJNZ   R0, L1          ; 第三层循环执行次数 R0*（R1*R2+2*R2）+2R0
        RET
        END
/*********************Copyright for swust --- cs*********************/
```

9.4   存储器读写程序的设计

存储器在计算机系统中是一种最基本的存储介质。一个完整的计算机系统，必须包括程序存储器，数据存储器，运算存储器。在单片机系统中，程序存储器用于存储编译后的指令代码，一般指可直接运行的机器代码。该存储器一般采用只读存储器的方式，以防止程序代码的破坏，如果要更新程序，需要采用专用的设备或专门的时序进行程序的刷新（烧录），在 AT89S52 单片机内部，系统已经集成了 8KB 的 Flash 程序存储区，支持掉电保存，数据存储器用于存储运算过程中产生的数据，如在 C 语言中定义的变量。该段存储器可读可写，读写速度快，但不支持掉电保存，在 AT89S52 内部，集成了 256B 的数据存储器，完全能够满足 AT89S52 基本应用的需要。运算存储器用于在运算过程中暂存数据，通常称为寄存器。

在 51 系列单片机中，不同存储器编址方式采用同一编址，即地址是可以重叠的，系统通过不同的指令来区别所选择的存储器，如图 9-5 所示为单片机系统中不同的存储器的编址方式。

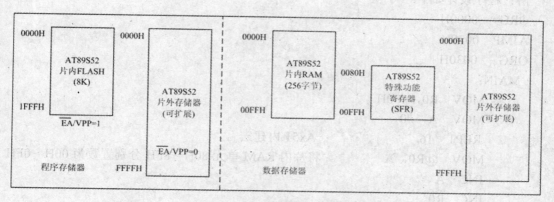

图 9-5　51 系列存储器编址方式

从图 9-5 中可以看到，单片机系统主要包括程序存储器和数据存储器，程序存储器包含片内 Flash 存储器或片外存储器，两块存储器地址都从 0000H 开始，AT89S52 片内存储器容量为 8KB，即最大地址为 1FFFH，片外扩展存储器最大可达 64KB，进行存储器访问的指令为 MOVC，例如：

MOVC　A，@A+DPTR

当 DPTR 的内容小于 1FFFH 时，如何判断读取的数据到底是在片内 FLASH 中还是外扩存储器中呢？51 系列单片器通过 $\overline{EA}$/Vpp 引脚来区别，当 $\overline{EA}$/Vpp 为高电平时，系统选择片内 Flash 存储器，MOVC 指令操作的是片内 Flash 存储器指令；当 $\overline{EA}$/Vpp 为低电平时，系统选择片外扩展存储器。MOVC 指令操作的是片外扩展存储器。

在单片机系统中包含三种类型的数据存储器，分别是片内数据 RAM 区，片内特殊功能寄存器区，片外数据扩展区，均采用同一编址，他们采用不同的指令和寻址方式来区别，其中，特殊功能寄存器采用直接寻址的方式实现数据的传输，例如：

MOV　A，P0

P0 的地址是 80H，这条指令表示将特殊功能寄存器的地址 80H 的数据送到 A 寄存器。访问片内数据存储器和片外数据存储器均采用间接寻址的方式，而它们又采用不同的指令来区别。例如读取片内数据存储器中的 80H 地址的内容，使用如下语句：

MOV　R1，#80H

MOV　A，@R1

该语句首先把地址送入 R1 寄存器中，然后通过 R1 寄存器进行间接获取 80H 地址上的数据。如果是要读取片外数据存储器中的数据，采用如下指令：

MOVX　R1，#80H

MOVX　A，@R1

该语句和访问片内 RAM 存储器中的数据类似，但使用的是不同的汇编指令，通过寻址方式的不同和数据访问指令的不同，在不同存储器同一编址的情况下，进行数据访问的时候就可以明确区别具体访问哪个存储器中的数据。

例 2：编写程序，将片内 RAM 区 0080H～008FH 分别置数为 00H～0FH。利用 Keil 集成开发环境的 Debug 调试功能单步运行程序，在数据存储区中查看数据的正确性。

解：程序设计如下：

```
ORG    0000H
AJMP   0030H
ORG    0030H
_MAIN:
       MOV  R0，#80H
       MOV  A，#0
       REPT  16              ; Ax51 内建宏
       MOV  @R0，A           ;将片内 RAM 单元 80H～8FH 分别置数为 00H～0FH
       INC   A
       INC   R0
       ENDM
Main_loop:
       NOP
       AJMP Main_loop
       END
```

例 3：在例 2 的基础上，编写程序，将片内 RAM 区 0080H～008FH 中的数据依次移到 0090H～009FH 中，并采用上述同样的办法查看程序运行的正确性。

解：程序设计如下：

```
ORG    0000H
AJMP   0030H
ORG    0030H
_MAIN:
       MOV  R0，#80H
       MOV  A，#0
       REPT  16              ; Ax51 内建宏
       MOV  @R0，A           ;将片内 RAM 单元 80H～8FH 分别置数为 00H～0FH
       INC   A
       INC   R0
       ENDM
       MOV  R0，#80H         ; 片内 RAM 区 80H～8FH 数据移到 90H～9FH 中
       MOV  R1，#90H
       REPT  16
       MOV  A，@R0
       MOV  @R1，A
       INC   R1
       INC   R0
```

```
ENDM
    INC   R1
    INC   R0
ENDM
Main_loop:
    NOP
    AJMP Main_loop
    END
```

例 4：编写程序，将片内程序存储区 0100H～010FH 地址分别预置数据 00H～0FH，并将区间的数据移到片内 RAM 区的 0A0H～0AFH 中，并验证数据的正确性。

解：程序设计如下：

```
ORG    0000H
AJMP   0030H
ORG    0030H
_MAIN:
    MOV  R0, #0A0H
    MOV  DPTR, #DataTB
    MOV  R1, #0
    REPT 16
    MOV   A, R1
    MOVC  A, @A+DPTR
    MOV   @R0, A
    INC   R0
    INC   R1
    ENDM
Main_loop:
    NOP
    AJMP Main_loop
    ORG   0100H
DataTB: DB 00H, 01H, 02H, 03H, 04H, 05H, 06H, 07H,
       08H, 09H, 0AH, 0BH, 0CH, 0DH, 0EH, 0FH
    END
```

9.5 八段数码管显示程序

八段数码管在工业控制中有着很广泛的应用，例如用来显示温度、数量、重量、日期、时间，还可以用来显示比赛的比分等，具有显示醒目、直观的优点。我们本节就来讨论 LED 数码管的应用设计以及对它进行编程控制。

9.5.1　LED 数码管分类

LED 数码管按其引脚的连接方式可以分为共阴管、共阳管；按数码转换为笔画信息的方式不同，可以分为软件译码、硬件译码；按扫描的方式不同，分为动态扫描和静态扫描。

采用共阴极数码管还是共阳极数码管没有太明显的优缺点。然而与同一数码管对应的笔画信息码往往相互是自反的关系。例如 0、1、2、3……的笔画信息码在共阴极数码管下是 3FH、06H、5BH、4FH……，而在共阳极数码管下是 C0H、F9H、A4H、B0H……。图 9-6 为共阳极与共阴极数码管的区别。

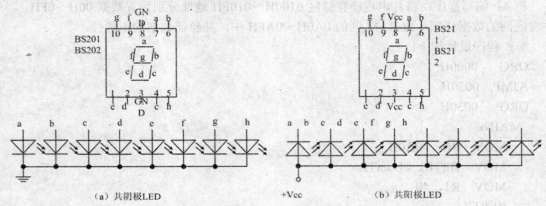

图 9-6　共阳与共阴数码管的区别

9.5.2　数码管的译码

数码管译码有软件译码方式和硬件译码方式，软件译码是将各数码管的笔画信息构成一个表格预先存储在 RAM 中，以后根据要显示的每一数码执行一段查表程序，查得相应的笔画信息再送数码管显示；硬件译码则采用 CD4511、74LS46、74LS47、74LS48、74LS49 等 BCD 码——7 段锁存、译码、驱动芯片直接译出笔画信息。

多个数码管采用动态扫描的方式工作，动态扫描时各个数码管是轮流点亮的，由于视觉的暂留现象，给人的感觉是数码管一直都是亮着的。而实际上控制数码管点亮的位选信号是逐一送出的。而每个数码管应显示数码的笔画信息则与位选信号同时送出的，于是各数码管按次序一一显示出自己的数码；待各管都轮到以后，又从头开始显示。对于动态扫描，轮到某管、等待该管点亮必须留给一段恰当的时间。时间过短，数码管来不及点亮；时间过长，其他的数码管将熄灭、不能显示。静态扫描五位选信号，各数码管是同时点亮的；每数码管应显示数码的笔画信息也分路同时送给，其原理比较简单。静态扫描编程比较容易，显示比较清晰，亮度一般较高，但是占用很多 I/O 接口和增加硬件芯片，成本较高。因此，实际使用中多用动态扫描。

硬件译码是指利用硬件芯片来实现自动译码，这里我们用到一块译码芯片 CD4511，它的功能是将二进制码译成十进制数字符的器件。CD4511 是一个 BCD 码七段译码器，并兼有驱动功能，内部没有限流电阻，与数码管相连接时，需要在每段输出接上限流电阻，引脚排列如图 9-7 所示。

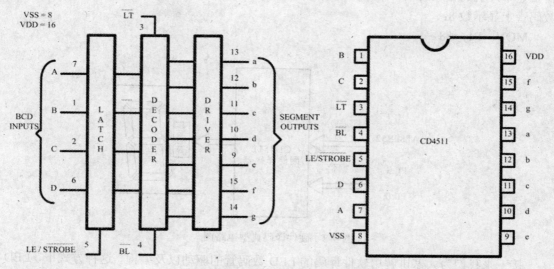

图 9-7 CD4511 的引脚图及功能方框图

表 9-1 是 CD4511 功能表，CD4511 只能对 0～9 的数字译码，超出范围将无显示。

表 9-1 CD4511 功能表

十进制或功能	输入						输出							字型
	LE	$\overline{LT}$	D C B A			$\overline{BI}$	a b c d e f g							
0	0	1	0 0 0 0			1	1 1 1 1 1 1 0							
1	0	1	0 0 0 1			1	0 1 1 0 0 0 0							
2	0	1	0 0 1 0			1	1 1 0 1 1 0 1							
3	0	1	0 0 1 1			1	1 1 1 1 0 0 1							
4	0	1	0 1 0 0			1	0 1 1 0 0 1 1							
5	0	1	0 1 0 1			1	1 0 1 1 0 1 1							
6	0	1	0 1 1 0			1	0 0 1 1 1 1 1							
7	0	1	0 1 1 1			1	1 1 1 0 0 0 0							
8	0	1	1 0 0 0			1	1 1 1 1 1 1 1							
9	0	1	1 0 0 1			1	1 1 1 0 0 1 1							
消隐	×	1	× × × ×			0	0 0 0 0 0 0 0							
锁定	1	1	× × × ×			1	锁定在上一个 LE=0 时							
灯测试	×	0	× × × ×			×	1 1 1 1 1 1 1							

使用硬件译码的典型电路原理图如图 9-8 所示，硬件译码时的显示程序相当简单，只需要在单片机的相应的端口给出要显示的数值的 BCD 码就可以了。如下的程序可以实现在数码管上显示数 8：

MOV　P1，#8

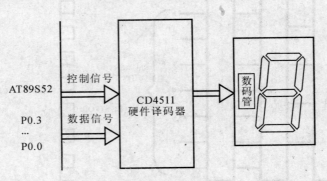

图 9-8　硬件译码典型电路图

接下来我们为大家讲解用软件译码的 LED 数码管的驱动以及编程。这种方式下，LED 数码管的显示电路不再需要硬件译码器，它可以由 74LS244、74LS245 等驱动器接数码管构成，其典型的应用电路如图 9-9 所示。

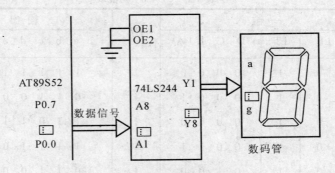

图 9-9　软件译码典型电路图

LED 上显示某个数值的程序如下：

```
_LedDisp:
    MOV     A，R7
    MOV     DPTR，#LED_DISP_NUM
    MOVC    A，@A+DPTR
    MOV     P0，A
    RET
```

例 5：利用 P1.0 控制数码管的位选，P0 口控制数码管的显示内容，采用共阴极数码管，编写程序，控制数码管显示 "H" 字符。

解：程序设计如下：

ORG　0000H

```
        AJMP 0030H
        ORG    0030H
_MAIN:
        MOV   SP，#30H
main_loop:
        MOV   P1，#0FEH              ；P1.0 为控制数码管的位选
        MOV   P0，#01110110B             ；H 的笔画信息码
    AJMP main_loop
END
```

例 6：在例 5 基础上编写程序，使数码管轮流显示 "0"，"1"，"2"，……，"E"，"F"，这 16 个字符。

解：程序设计如下：

```
        ORG    0000H
        AJMP   0030H
        ORG    0030H
_MAIN:
        MOV   SP，#30H
        MOV   R4，#0
Main_loop:
        ACALL _LedDisp
        ACALL _SoftDelay
        INC    R4
        CJNE   R4，#16，Main_loop
        MOV   R4，#0
        AJMP   Main_loop
```

/***
** 函数名称：_LedDisp
** 功能描述：在数码管上显示给定的数值，数值不能大于 15。
** 参数描述：R7：【in】要显示的数值。
***/

```
_LedDisp:
        MOV   A，R4
        MOV   DPTR，#LED_DISP_NUM
        MOVC A，@A+DPTR
        MOV   P0，A
        MOV   P1，#0FEH
        RET
```

/***
** 函数名称：_SoftDelay

```
**  功能描述：软件延时一段时间
**  参数描述：该函数要使用寄存器 R5、R6 以及 R7
********************************************************************/

LedDisp:
        MOV    A，R4
        MOV    DPTR，#LED_DISP_NUM
        MOVC A，@A+DPTR
        MOV    P0，A
        MOV    P1，#0FEH
        RET


/********************************************************************
**  函数名称：   _SoftDelay
**  功能描述：   软件延时一段时间
**  参数描述：   该函数要使用寄存器 R5、R6 以及 R7
********************************************************************/

_SoftDelay:
        MOV  R5，#3
D1:
        MOV  R6，#255
D2:
        MOV  R7，#255
D3:
        DJNZ R7，D3
        DJNZ R6，D2
        DJNZ R5，D1
        RET
LED_DISP_NUM：  DB    0x3f, 0x06, 0x5b, 0x4f, 0x66, 0x6d, 0x7d, 0x07
               ;      0     1     2     3     4     5     6     7
               DB    0x7f, 0x6f, 0x77, 0x7c, 0x39, 0x5e, 0x79, 0x71
               ;      8     9     A     B     C     D     E     F
        END
```

9.6 数码管扫描程序设计

在前面的章节，读者学习了数码管的显示功能，知道了数码管进行数据显示的原理和方法，但通常情况下数码管显示的数据不止一位，是由多个独立的数码管组合成的数码显示器，数码管的个数越多，显示的数据量就越大，当然，控制难度也加大。本节中，大家将学到多个数码管的连接原理和显示的方法。重点学习数码管的扫描方法。

9.6.1 数码管的硬件结构

每个数码管都包含有 8 根数据线，分别对应数码管上的 8 个发光二极管，同时，发光二极管还包含一个公共线路，该引脚用于对数码管进行选择，通常情况下，数码管的数据线连接在一起，这样，就可以减少 I/O 端口使用的数量。

如图 9-10 所示的电路中，每个数码管模块包含 4 个独立的 8 段数码管，每个数码管都有一个公共端，即 CS1、CS2、CS3、CS4，每个数码管模块引出了一组数据线，A、B、C、D、E、F、G、H，所有 8 段数码管的数据线采用并联的方式进行连接，于是，利用 P0 端口的 8 位 I/O 端口连接数码管的数据端，利用 P1 端口的 8 位 I/O 端口分别连接数码管的公共端。由于数码管的数据线是并联的，所以，每增加一个数码管，将增加一位数码管位选信号。

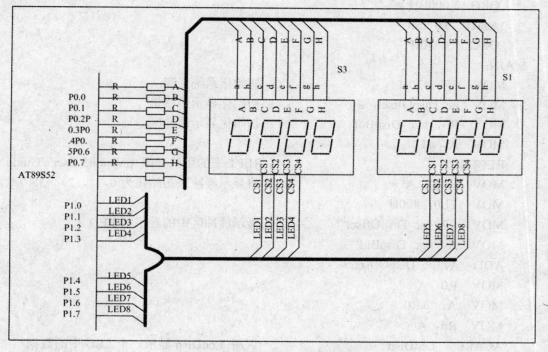

图 9-10 数码管与单片机的硬件连接图

9.6.2 数码管的软件扫描

正如前面所讲的一样，数码管的所有数据线都并联在一起，当在 P0 口输出信号时，所有数码管的数据信号都相同，此时，位选信号决定数码管的显示与不显示，如果位选信号将所有数码管都选中，那么所有数码管显示的内容必定相同。而在实际应用中，每个数码管显示的内容不可能完全相同，为实现这样的目的，就要对数码管进行扫描。所谓扫描，就是通过软件控制 P1 端口，即数码管的位选信号，依次仅选择一个数码管，同时在 P0 口输出对应的显示段码，持续一段时间后再选择下一个数码管，并再在 P0 口输出对应的显示段码，再这样周而复始。

于是，8 个数码管被依次点亮，并显示本位的显示内容，当每个数码管被点亮的时间比较短时，由于视觉的"暂留"现象，我们就可以看到 8 个数码管稳定地显示一序列数据。通常情况下，对数码管的扫描频率达到 50Hz 的时候，显示效果最佳。

例 7：利用定时器 1 采用中断的方式进行扫描，每中断一次选择一个数码管，并在 P0 口送出显示代码，并观察数码管的显示效果。调节中断一次的时间，使数码管上显示的数据比较稳定。

解：程序设计如下：

```
gc_DispOffset    DATA 08H
gc_DispBuf       DATA 09H
       ORG    0000H
       AJMP   0030H
       ORG    000BH
       AJMP   T0_ISR
       ORG    0030H
_MAIN:
       MOV   SP, #30H              ; 初始化系统资源
       MOV   gc_DispOffset, #0     ; 初始化显示偏移量
       MOV   R0, #gc_DispBuf       ; 初始化显示缓冲区
       MOV   A, #1
       REPT 8                      ; REPT 宏的用法参照 μVision3 User's Guide
       MOV   @R0, A                ; 将显示缓冲区初始化为 0，1，2，…，7
       MOV   TL0, #00H
       MOV   R7, gc_DispOffset     ; 显示缓冲区中的数字到 LED 上
       MOV   A, #gc_DispBuf
       ADD   A, gc_DispOffset
       MOV   R0, A
       MOV   A, @R0
       MOV   R6, A
       ACALL  _LedDisp             ; 调用 _LedDisp 显示一个 LED 中的数据
       INC   gc_DispOffset         ; 调整显示的偏移量
       MOV   A, gc_DispOffset
       CJNE  A, #8, t0_isr_exit
       MOV   gc_DispOffset, #0
t0_isr_exit:
       RETI
LED_DISP_NUM:    DB    0x3f, 0x06, 0x5b, 0x4f, 0x66, 0x6d, 0x7d, 0x07
                 ;      0     1     2     3     4     5     6     7
                 DB    0x7f, 0x6f, 0x77, 0x7c, 0x39, 0x5e, 0x79, 0x71
                 ;      8     9     A     B     C     D     E     F
```

```
LED_SLICE_SEL:    DB    0xfe, 0xfd, 0xfb, 0xf7, 0xef, 0xdf, 0xbf, 0x7f
        END
```

例 8：上例实现的动态扫描程序为基础，在数码管上循环显示 0～255 之间的数字。

解：程序设计如下。

```
gc_DispOffset    DATA 08H              ; 数码管的显示偏移量
gc_DispBuf       DATA 09H              ; 数码管显示缓冲区，占 8 个字节
gc_SoftDlyOp1    DATA 09H + 08H        ; 以下两变量为 _SoftDelay 函数所用
gc_SoftDlyOp2    DATA 09H + 09H
        ORG    0000H
        AJMP   0030H
        ORG    000BH
        JMP    T0_ISR
        ORG    0030H
_MAIN:
        MOV    SP, #30H          ; 初始化系统资源
        MOV    gc_DispOffset, #0 ; 初始化显示偏移量
        MOV    R0, #gc_DispBuf   ; 初始化显示缓冲区
        MOV    A, #0
        REPT 8                   ; REPT 宏的用法参照 μVision3 User's Guide
        MOV    @R0, A
        INC    R0
        ENDM
        MOV    TMOD, #01H        ; 定时器/计数器工作于方式 0，XALT=22.1184M
        MOV    TL0, #000H        ; 0.0022216796875s 中断一次
        MOV    TH0, #0F0H        ; 65536－0.0022216796875/（12/22118400）=F000H
        SETB ET0                 ; 每秒刷新 1/（0.0022216796875×8）=56.263 次
        SETB EA
        SETB TR0
main_loop:
        ACALL _ChangeDispBuf
        ACALL _SoftDelay
        JMP main_loop
/****************************************************************
** 函数名称:      _ChangeDispBuf
** 功能描述:      循环改变数码管中的显示数值
** 参数描述:      R0 的值将被改变
****************************************************************/
_ChangeDispBuf:
```

```
    MOV  R0，#gc_DispBuf
    REPT 8
    INC  @R0
    CJNE @R0，#10，chg_disp_lable
    MOV @R0，#0
    INC  R0
    ENDM
chg_disp_lable：
    RET
/*****************************************************************

** 函数名称：    _SoftDelay
** 功能描述：    软件延时一段时间
** 参数描述：    gc_SoftDlyOp1，gc_SoftDlyOp2 的值将被改变
*****************************************************************/

_SoftDelay：
    MOV gc_SoftDlyOp1，#50
D1：
    MOV gc_SoftDlyOp2，#250
D2：
    DJNZ gc_SoftDlyOp2，D2
    DJNZ gc_SoftDlyOp1，D1
    RET；
/*****************************************************************
** 函数名称：    _LedDisp
** 功能描述：    显示一个（0～F）的数据到数码管的某位（0～7）
** 参数描述：    R6：显示的数据（0～F）
                R7：显示的位置（0～7）
*****************************************************************/

_LedDisp：
    MOV    A，R6
    MOV    DPTR，#LED_DISP_NUM
    MOVC  A，@A+DPTR
    MOV    P0，A
    MOV    A，R7
    MOV    DPTR，#LED_SLICE_SEL
    MOVC  A，@A+DPTR
    MOV    P1，A
    RET
```

```
/*******************************************************************
** 函数名称：T0_ISR
** 功能描述：定时器/计数器 中断服务函数
** 参数描述：函数中将改变 COUNTER 的值，R7、R6、R1 的值也将被改变
*******************************************************************/
T0_ISR:
    MOV   TH0，#0F0H
    MOV   R1，A
    MOV   A，@R1
    MOV   R6，A
    ACALL  _LedDisp                    ; 调用 _LedDisp 显示一个 LED 中的数据
    INC   gc_DispOffset                ; 调整显示的偏移量
    MOV   A，gc_DispOffset
    CJNE A，#8，t0_isr_exit
    MOV   gc_DispOffset，#0
t0_isr_exit:
    RETI
    LED_DISP_NUM：    DB     0x3f，0x06，0x5b，0x4f，0x66，0x6d，0x7d，0x07
                     ;    0      1      2      3      4      5      6      7
                     DB     0x7f，0x6f，0x77，0x7c，0x39，0x5e，0x79，0x71
                     ;    8      9      A      B      C      D      E      F
    LED_SLICE_SEL：   DB     0xfe，0xfd，0xfb，0xf7，0xef，0xdf，0xbf，0x7f
    END
```

9.7　秒表程序设计

秒表的逻辑结构比较简单，它主要由数码显示器、十进制计数器、报警器、六进制计数器和按键组成。通常，秒表有六个输出显示，分别为百分之一秒、十分之一秒、秒、十秒、分、十分，所以共有 6 个计数值与之对应，稍微粗略一点的秒表可能只能精确到十分之一秒，精度高一点的秒表可以做到千分之一秒甚至更高。

9.7.1　秒表系统硬件结构分析

由于单片机内部自带定时器，因此在时间的计算上就显得非常简单，AT89S52 内部自带 3 个定时器/计数器，定时器 2 通常用作串口的波特率产生。定时器 0 和定时器 1 可工作在 8 位、13 位和 16 位模式，因此，通常可以采用定时器 0 或定时器 1 作为定时计算。

秒表的显示部分采用 8 段数码管进行显示，需要显示的位数有十分、分、十秒、秒、十分之一秒和百分之一秒，共需要六个八段数码管进行显示，有启动、停止、清零三个按键，如果有需要，还需要蜂鸣器进行蜂鸣提示。电路如图 9-11 所示。

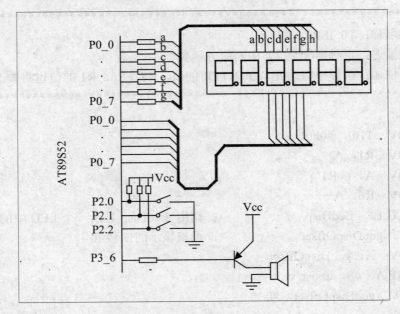

图 9-11 秒表结构原理框图

9.7.2 定时器计数值的计算

定时器的计数的基准时钟频率来源于外部时钟源 F_{osc}，将 Fosc 通过 12 分频后提供给定时器模块，因此，定时器模块的计数频率为 $F_{timer}=F_{osc}/12$ 或 $F_{pclk}/6$，由于秒表的计数精度在 0.01 秒，因此，定时器内的数据寄存器的计数次数为：

$$T_{count}=F_{timer}\times 0.01$$
$$T_{count}=(F_{osc}\times 0.01)/12$$

如果系统时钟源频率为 22.1184MHz，计算出定时器需要计数的次数 $T_{count}=18\,432$ 次。因此，当定时器工作在 16 位定时/计数器模式时，我们对定时器的初值应设置为：

$$TH\ TL = 65\,536 - 18\,432 = 47\,104$$
$$TH\ TL = 0B800H$$

即设置初值时设定 TH=0B8H，TL=00H。如果要考虑秒表工作的精确性，还应该考虑程序执行过程中进入中断时所调用的指令条数，包括入栈和初栈、中断返回等。

例 9：设计一个秒表计数的功能，系统启动后立即从 0.00 秒开始计算，并显示在数码管上，并测试秒表计数值的准确性（可以统计几分钟，测试偏差度）。

解：程序设计如下：

```
/**********************************************************
** 秒表显示内容总共由 8 个数码管组成，具体分配如下：
** |------|------|------|------|
**   小时    分     秒    0.01 秒
**********************************************************/
gc_DispOffset    DATA 08H                ；数码管显示的偏移指针
```

```
gc_DispBuf       DATA 09H           ; LED 显示缓冲区，占 8 个字节
gc_TimerMinSec DATA 09H + 08H       ; 0.01 秒
gc_TimerSec      DATA 09H + 09H     ; 秒
gc_TimerMin      DATA 09H + 0AH     ; 分
gc_TimerHour     DATA 09H + 0BH     ; 小时
gc_SoftDlyOp1    DATA 09H + 0CH     ; 软件延时程序所使用的两个变量
gc_SoftDlyOp2    DATA 09H + 0DH
    ORG   0000H
    AJMP 0030H
    ORG   000BH
    AJMP T0_ISR
    ORG   0030H
_MAIN:
    MOV   SP, #230                  ; 初始化系统资源
    MOV   R0, #gc_DispOffset        ; 初始化显示缓冲区为全 0
REPT 24                             ; REPT 宏前面已经讲解过
    MOV   @R0, #0
    INC   R0
    ENDM
    MOV   TMOD, #01H                ; 工作方式 0，XALT=22.1184MHz
    MOV   TL0, #0FFH                ; 0.010 s 中断一次
    MOV   TH0, #0B7H
    SETB ET0
    SETB EA
    SETB TR0
main_loop:
    ACALL _DispTime
    ACALL _ScanLed
    ACALL _SoftDelay
    ACALL _DispTime
    ACALL _ScanLed
    ACALL _SoftDelay
AJMP main_loop:
/**************************************************************

** 函数名称：    _DispTime
** 功能描述：
** 参数描述：    R6：显示的数据（0～F）
               R7：显示的位置（0～7）

**************************************************************/
```

```
_DispTime:
    MOV   A, gc_TimerMinSec        ; 微秒
    MOV   B, #10
    DIV   AB
    MOV   gc_DispBuf+7, B
    MOV   B, #10
    DIV   AB
    MOV   gc_DispBuf+6, B
    MOV   A, gc_TimerSec           ; 秒
    MOV   B, #10
    DIV   AB
    MOV   gc_DispBuf+5, B
    MOV   B, #10
    DIV   AB
    MOV   gc_DispBuf+4, B
    MOV   A, gc_TimerMin           ; 分
    MOV   B, #10
    DIV   AB
    MOV   gc_DispBuf+3, B
    MOV   B, #10
    DIV   AB
    MOV   gc_DispBuf+2, B
    MOV   A, gc_TimerHour          ; 小时
    MOV   B, #10
    DIV   AB
    MOV   gc_DispBuf+1, B
    MOV   B, #10
    DIV   AB
    MOV   gc_DispBuf, B
    RET
/****************************************************************
** 函数名称:      _SoftDelay
** 功能描述:      软件延时一段时间
** 参数描述:      gc_SoftDlyOp1, gc_SoftDlyOp2 的值将被改变
*****************************************************************/
_SoftDelay:
    MOV gc_SoftDlyOp1, #50
D1:
    MOV gc_SoftDlyOp2, #20
```

```
D2:
    DJNZ gc_SoftDlyOp2，D2
    DJNZ gc_SoftDlyOp1，D1
    RET；
/********************************************************
** 函数名称：    _ScanLed
** 功能描述：
** 参数描述：    R6：显示的数据（0～F）
                R7：显示的位置（0～7）
*********************************************************/
_ScanLed：
    MOV   R7, gc_DispOffset           ; 显示缓冲区中的数字到 LED 上
    MOV   A, #gc_DispBuf
    ADD   A, gc_DispOffset
    MOV   R1, A
    MOV   A, @R1
    MOV   R6, A
    ACALL  _LedDisp                   ; 调用 _LedDisp 显示一个 LED 中的数据
    INC   gc_DispOffset               ; 调整显示的偏移量
    MOV   A, gc_DispOffset
    CJNE  A, #8, scan_led_exit
    MOV   gc_DispOffset, #0
scan_led_exit:
    RET
/********************************************************
** 函数名称：
** 功能描述：
** 参数描述：    R6：显示的数据（0～F）
                R7：显示的位置（0～7）
*********************************************************/
_LedDisp：
    MOV   A, R6
    MOV   DPTR, #LED_DISP_NUM
    MOVC  A, @A+DPTR
    MOV   P0, A
    MOV   A, R7
    MOV   DPTR, #LED_SLICE_SEL
    MOVC  A, @A+DPTR
    MOV   P1, A
```

```
        RET
/****************************************************************
**  函数名称：T0_ISR
**  功能描述：定时器/计数器 中断服务函数
**  参数描述：函数中将改变 COUNTER 的值
****************************************************************/
T0_ISR:
        MOV   TL0，#0FFH                    ; 重载计数器初值，每 25ms 中断一次
        MOV   TH0，#0B7H
        MOV   R0，#gc_TimerMinSec
        INC   @R0                          ; 设置 0.01 秒位的值
        CJNE  @R0，#100，sr_end_set_time
        MOV   @R0，#0
        INC   R0
REPT 2                                     ; 设置秒和分的值
        INC   @R0
        CJNE  @R0，#60，isr_end_set_time
        MOV   @R0，#0
        INC   R0
        ENDM
        INC   @R0                          ; 设置小时的值
        CJNE  @R0，#24，isr_end_set_time
        MOV   @R0，#0
isr_end_set_time:
        RETI
LED_DISP_NUM:   DB    0x3f，0x06，0x5b，0x4f，0x66，0x6d，0x7d，0x07
                ;     0     1     2     3     4     5     6     7
                DB    0x7f，0x6f，0x77，0x7c，0x39，0x5e，0x79，0x71
                ;     8     9     A     B     C     D     E     F
LED_SLICE_SEL:  DB    0xfe，0xfd，0xfb，0xf7，0xef，0xdf，0xbf，0x7f
        END
```

9.8　键盘接口

单片机键盘接口方式有三种。

1. 独立接口方式

独立式是指将每个独立按键以一对一的方式直接接到 I/O 口的输入线上，如图 9-12（a）所示。读键值时直接读 I/O 口，每一个键的状态通过读入键值的一位（二进制）来反映，

所以这种方式称为一维直读方式，按习惯称为独立式。这种方式的好处就是软件编写简单，缺点是占用的 I/O 线较多，一般只在按键数量较少的时候采用。

2．硬件编码方式

硬件编码方式是指先将独立式的键信号通过硬件编码，再由 I/O 线读入，如图 9-12（b）所示。这种方式克服了独立式占用接口多的缺点，但是需要增加硬件编码电路。

3．行列方式

行列方式是用 n 条 I/O 线组成行输入口，m 条 I/O 线组成列输出口，在行列线的每一个交点上，设置一个按键，如图 9-12（c）所示。读键值方法一般采用扫描方式，即输出口按位轮换输出低电平，再从输入口读入键信息，最后通过软件方法获得键码。这种方式占用的 I/O 线较少，因此，在单片机应用系统中最为常用。

4．二维直读方式

二维直读方式的键盘排布采用了双行列方式，读入键值采用了直读式，每一个键的状态通过读入键值的二位（二进制位）来反映，所以这种方式成为二维直读式，如图 9-12（d）所示。这种方式具有独立式和行列方式的优点，缺点是要求安装含有两个触点。在部分触摸键盘成品中，采用了这种方式。

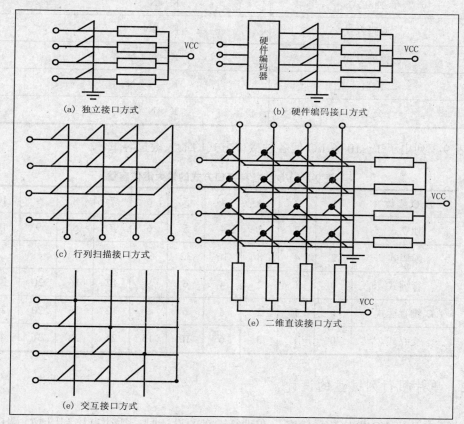

图 9-12　键盘接口方式

5. 交互方式

如图 9-12（e）所示的键盘是一种交互式键盘接口。这种方式中，N 位 I/O 线既作输入行又作输出列，输入输出交互使用，构成 N 行 N 列，在行列线每一个独立（不重复）的交点上，设置一个键，即任意 I/O 线之间均接一个按键。这种接线方式在键数相同的情况下，占用 I/O 线比行列式要少。键盘读键方式与行列方式相似，所不同的是在某一端口线输出为低电平时，其他 I/O 线均读入键信息。但这种方式要求 I/O 线必须是可位控的两向或准两向口，如 8031 的 P1 口；一般 I/O 线则不能使用，如 8255I/O 接口。该方式不能用中断方式读键。

9.8.1　几种键盘接口方式的最大容量

表 9-2 给出了最大键位容量与 I/O 位数的关系。

表 9-2　最大键位容量与 I/O 位数的关系

编码方式	N 为 I/O 位数，K 为最大键位容量
独立式	K = N
编码方式	K = 2N
行列方式	K = N * N / 4
二维直读式	K = N * N / 4
交互式	K = N（N - 1）/2

表 9-3 列出了 1～10 条 I/O 线各种接口方式的最大键位容量。

表 9-3　I/O 线各种接口方式的最大键位容量

I/O 线数	1	2	3	4	5	6	7	8	9	10
独立式	1	2	3	4	5	6	7	8	9	10
编码式	2	4	8	16	32	64				
行列式	0	1	2	4	6	9	12	16	20	25
二维直读式	0	1	2	4	6	9	12	16	20	25
交互式	0	1	3	6	10	15	21	28	36	45

9.8.2　单片机行列键盘的设计

由于单片机 I/O 端口数量较多，在进行键盘的设计时，往往直接利用 I/O 端口与按键构成扫描矩阵，通过软件扫描的方式获取按键值。其硬件连接如图 9-13 所示。

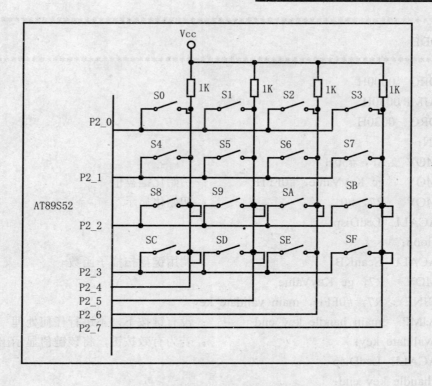

图 9-13 行键盘的设计硬件连接图

为了确定键盘中有无按键按下以及是哪一个键被按下，通常可以采用扫描的方式。有两种扫描方式可以选择，一种是逐行扫描，也是使用最普遍的方法，结合图 9-13，P2_0、P2_1、P2_2、P2_3 作为输出信号，并依次输出低电平信号，P2_4、P2_5、P2_6、P2_7 作为输入信号，如果没有按键按下，将检测到 P2_4、P2_5、P2_6、P2_7 全为高电平，如果此时 P2_1 输出低电平信号，P2_6 检测到低电平信号，那么由此可以判断 S6 被按下。另一种扫描方式称为全扫描，其扫描的方式为先将 P2_0、P_1、P2_2、P2_3 全部置低，如果没有按键按下，则 P2_4、P2_5、P2_6、P2_7 引脚上全为高电平，如果检测到 P2_6 引脚为低电平时，则可以判断第三列有按键按下，但具体是哪个按键按下还不能清楚，于是，又将 P2_4、P2_5、P2_6、P2_7 转为输出，P2_0、P2_1、P2_2、P2_3 作为输入，检测哪个按键为低电平，于是就可以判断出具体的某行有按键按下，行列组合就可以判断具体某个按键按下。

例 10：利用一位数码管进行按键值的显示，利用定时器 0 进行延迟程序的设计，采用逐行扫描的方式实现按键的扫描程序的设计。

解：程序设计如下：

```
/*************************************************************

** RAM
*************************************************************/
gc_KeyValue    DATA    08H        ；[1]，键盘扫描程序返回的键盘扫描码
gc_KBTempVal   DATA    09H        ；[1]，键盘扫描程序所使用的临时变量
```

```
/*******************************************************************
** CODE
*******************************************************************/
    ORG    0000H
    AJMP 0030H
    ORG    0030H
_MAIN:
    MOV    SP, #30H
    MOV    gc_KeyValue, #0FFH       ; 初始化键盘值
    MOV    R7, #0                   ; 初始化显示
    ACALL  _LedDisp
main_loop:
    ACALL  _ScanKB                  ; 调用键盘扫描子函数
    MOV    R7, gc_KeyValue
    CJNE   R7, #0FFH, main_validate_key
    AJMP   main_handle_key_end      ; 没有键按下，不进行任何处理
main_validate_key:                  ; 若为有效按键，将该键值显示出来
    ACALL  _LedDisp
main_handle_key_end:
    AJMP   main_loop
/*******************************************************************
** 函数名称：   _ScanKB
** 功能描述：   以全扫描的方式扫描键盘按键，返回被按下键的编号（0～15）
** 参数描述：   gc_KeyValue[OUT]：键盘有键按下时返回键值（0～15），否则返回 0FFH
               gc_KBTempVal[TMP]：临时变量
*******************************************************************/
_ScanKB:
    PUSH ACC                        ; 压栈保存寄存器的值
    PUSH 7
    PUSH 6
    PUSH 5
    PUSH 4
    PUSH 3
    MOV    R7, #4                   ; 循环此时
    MOV    R6, #0                   ; KB_SCAN_NUMBER[R6]，访问该数组下标
    MOV    R5, #0                   ; KB_SCAN_RESULT[R5]，访问该数组下标
    MOV    R4, #0FFH                ; 存放键盘扫描的结果
    MOV    R3, #0                   ; 用于控制内层循环次数
scan_kb_loop:                       ; 外层循环开始
```

```
          MOV   A，R6                          ；向键盘端口发送逐行扫描的扫描码
          MOV   DPTR，#KB_SCAN_NUMBER
          MOVC  A，@A+DPTR
          MOV   P2，A
          MOV   gc_KBTempVal，P2              ；键盘返回值存放临时变量 gc_KBTempVal
          MOV   A，R6                          ；在 KB_SCAN_RESULT 查找键值
          RL    A                              ；R5 = R6 * 4
          RL    A
          MOV   R5，A
          MOV   DPTR，#KB_SCAN_RESULT
          MOV   R3，#4                         ；检查 R5 开始的四个键值与 gc_KBTempVal，
                                                相等有键按下
   scan_kb_check_loop：                        ；内层循环开始
          MOV   A，R5
          MOVC A，@A+DPTR
          CJNE A，gc_KBTempVal，scan_kb_ckeck_ok_end
          MOV   A，R5                          ；这里表示有键按下，将键值存放于 R4 中
          MOV   R4，A
          AJMP scan_kb_end                    ；结束扫描过程
   scan_kb_ckeck_ok_end：
          INC   R5
          DJNZ  R3，scan_kb_check_loop         ；内层循环结束
          INC   R6
          DJNZ  R7，scan_kb_loop               ；外层循环结束
   scan_kb_end：
          MOV   gc_KeyValue，R4                ；将键盘扫描码保存到 gc_KeyValue
          POP   3                              ；恢复寄存器
          POP   4
          POP   5
          POP   6
          POP   7
          POP   ACC
          RET
//下面为逐行扫描方式所使用的数据。
KB_SCAN_NUMBER：  DB     01111111B，10111111B，11011111B，11101111B
KB_SCAN_RESULT：  DB     01110111B，01111011B，01111101B，01111110B
                  DB     10110111B，10111011B，10111101B，10111110B
                  DB     11010111B，11011011B，11011101B，11011110B
                  DB     11100111B，11101011B，11101101B，11101110B
```

```
/*****************************************************************
** 函数名称:      _LedDisp
** 功能描述:      在第 0 位数码管以十六进制的方式显示给定的十进制数。
** 参数描述:      入口参数:R7:存放要显示的数字。
*****************************************************************/
_LedDisp:
    MOV   A,R7
    MOV   DPTR,#LED_DISP_NUM
    MOVC  A,@A+DPTR
    MOV   P0,A
    MOV   P1,#0FEH
    RET


LED_DISP_NUM:   DB   0x3f,0x06,0x5b,0x4f,0x66,0x6d,0x7d,0x07
              ;    0    1    2    3    4    5    6    7
                DB   0x7f,0x6f,0x77,0x7c,0x39,0x5e,0x79,0x71
              ;    8    9    A    B    C    D    E    F
    END
```

9.9 看门狗程序设计

在由单片机构成的微型计算机系统中,单片机的工作常常会受到来自外界电磁场的干扰,从而造成程序的"跑飞",陷入死循环,程序的正常运行就会被打断。当单片机控制的系统无法继续工作时,整个系统会陷入停滞状态,从而发生不可预料的后果。所以出于对单片机运行状态进行实时监测的考虑,便产生了一种专门用于监测单片机程序运行状态的芯片,俗称"看门狗",看门狗又叫做 watchdog timer(WDT)。

9.9.1 单片机看门狗的特点

看门狗电路的应用,使单片机可以在无人状态下实现连续工作。其工作原理是:看门狗芯片和单片机的一个 I/O 引脚相连,该 I/O 引脚通过程序控制定时地往看门狗送入高电平(或低电平),这一程序语句是分散地放在单片机其他控制语句中的,一旦单片机由于干扰造成程序跑飞,就会陷入某一程序段,进入死循环状态,从而写看门狗引脚的程序便不能被执行。这个时候,看门狗电路会由于得不到单片机送来的信号,在它和单片机复位引脚相连的引脚上送出一个复位信号,使单片机发生复位,即程序从程序存储器的起始位置开始执行,这样便实现了单片机的自动复位。

常见的专用看门狗芯片有 MAX813、5045、IMP813 等。他们的价格为 4~10 元不等,在实际应用中可以根据需要选择。

9.9.2 单片机看门狗的原理

MCS-51 系列有专门的看门狗定时器，对系统频率进行分频计数，定时器溢出时，将引起复位。看门狗可以由编程设定其溢出速率，也可单独用来作为定时器使用。C8051Fxxx单片机内部也有一个 21 位的使用系统时钟的定时器，该定时器检测对其控制寄存器的两次特定写操作的时间间隔。如果这个时间间隔超过了编程的极限值，将产生一个 WDT 复位。

在 AT89S52 中，看门狗定时器复位寄存器（WDTRST）的地址为 0A6H，在程序中若要使用看门狗，可以用下面的指令初始化看门狗定时器：

    MOV   0A6H, #01E
    MOV   0A6H, #0E1H

看门狗一旦初始化之后，就要在看门狗复位系统之前向 0A6H 地址再次写入 01EH、0E1H 序列，这个过程就叫做喂狗。

使用 51 内部的看门狗时，有下面几个问题是需要注意的：

（1）AT89S52 的看门狗必须由程序激活后才开始工作。所以必须保证 CPU 有可靠的上电复位。否则看门狗也无法工作。

（2）看门狗使用的是 CPU 的晶振。在晶振停振的时候看门狗也无效。

（3）AT89S52 只有 14 位计数器。在 16 383 个机器周期内必须至少喂狗一次。而且这个时间是固定的，无法更改。当晶振为 12MHz 时每 16ms 需喂狗一次。

软件看门狗技术的原理和这差不多，只不过是用软件的方法实现，我们还是以 51 系列来讲，我们知道在 51 单片机中有两个定时器，我们就可以用这两个定时器来对主程序的运行进行监控。我们可以对 T0 设定一定的定时时间，当产生定时中断的时候对一个变量进行赋值，而这个变量在主程序运行的开始已经有了一个初值，在这里我们设定的定时值要小于主程序的运行时间，这样在主程序的尾部对变量的值进行判断，如果值发生了预期的变化，就说明 T0 中断正常，如果没有发生变化则使程序复位。对于 T1 我们用来监控主程序的运行，我们给 T1 设定一定的定时时间，在主程序中对其进行复位，如果不能在一定的时间里对其进行复位，T1 的定时中断就会使单片机复位。在这里 T1 的定时时间要设得大于主程序的运行时间，给主程序留有一定的余量。而 T1 的中断正常与否我们再由 T0 定时中断子程序来监视。这样就构成了一个循环，T0 监视 T1，T1 监视主程序，主程序又来监视 T0，从而保证系统的稳定运行。

9.9.3 看门狗使用注意

大多数 51 系列单片机都有看门狗，当看门狗没有被定时清零时，将引起复位。这可防止程序跑飞。设计者必须清楚看门狗的溢出时间以决定在合适的时候清零看门狗。清零看门狗也不能太过频繁，否则会造成资源浪费。程序正常运行时，软件每隔一定的时间（小于定时器的溢出周期）给定时器置数，即可预防溢出中断而引起的误复位。

9.9.4 看门狗使用方法

看门狗可恢复系统的正常运行以及有效的监视管理器（具有锁定光驱，锁定任何指定程序的作用，可用在家庭中防止小孩无节制地玩游戏、上网、看录像）等，具有很好的应用价值。系统软件"看门狗"的设计思路如下：

（1）看门狗定时器 T0 的设置。在初始化程序块中设置 T0 的工作方式，并开启中断和计数功能。系统 F_{osc}=12MHz，T0 为 16 位计数器，最大计数值为 $2^{16}-1$=65 535，T0 输入计数频率是：F_{osc}/12，溢出周期为（65 535+1）/1=65 536（μs）。

（2）计算主控程序循环一次的耗时。考虑系统各功能模块及其循环次数，本系统主控制程序的运行时间约为 16.6ms。系统设置"看门狗"定时器 T0 定时 30ms（T0 的初值为 65 536-30 000=35 536）。主控程序的每次循环都将刷新 T0 的初值。如程序进入"死循环"而 T0 的初值在 30ms 内未被刷新，这时"看门狗"定时器 T0 将溢出并申请中断。

（3）设计 T0 溢出所对应的中断服务程序。此子程序只需一条指令，即在 T0 对应的中断向量地址（000BH）写入"无条件转移"命令，把计算机拖回整个程序的第一行，对单片机重新进行初始化并获得正确的执行顺序。

【本章小结】

在学习了单片机的基本原理和知识后，本章重点学习单片机的汇编程序设计。在单片机应用过程中，汇编语言具有重要的应用价值。汇编语言最接近机器语言，具有设计灵活，指令执行效率高，占用空间较小的有点。本章的学习要求能够熟练在 Keil 平台上编写简单的汇编语言程序，并能够查看存储器、I/O 接口、寄存器等的数据变化，深刻理解单片机的基本原理。

9.10 习题

1. 设振荡频率为 12MHz，请设计一软件延时程序，延时时间为 1ms。
2. 如何判断读取的数据到底是在片内 FLASH 中还是外扩存储器中？
3. LED 的静态显示方式与动态显示方式有何区别？各有什么优缺点？
4. 单片机键盘接口方式有哪几种？
5. 单片机看门狗的原理是什么？

附录 1　ASCII 码表

ASCII 码值（十进制）	字符	ASCII 码值（十进制）	字符	ASCII 码值（十进制）	字符	ASCII 码值（十进制）	字符
0	NUL	32	（Space）	64	@	96	`
1	SOH	33	!	65	A	97	a
2	STX	34	"	66	B	98	b
3	ETX	35	#	67	C	99	c
4	EOT	36	$	68	D	100	d
5	EDQ	37	%	69	E	101	e
6	ACK	38	&	70	F	102	f
7	BEL	39	'	71	G	103	g
8	BS	40	(	72	H	104	h
9	HT	41	)	73	I	105	i
10	LF	42	*	74	J	106	j
11	VT	43	+	75	K	107	k
12	FF	44	,	76	L	108	l
13	CR	45	-	77	M	109	m
14	SO	46	.	78	N	110	n
15	SI	47	/	79	O	111	o
16	DLE	48	0	80	P	112	p
17	DC1	49	1	81	Q	113	q
18	DC2	50	2	82	R	114	r
19	DC3	51	3	83	S	115	s
20	DC4	52	4	84	T	116	t
21	NAK	53	5	85	U	117	u
22	SYN	54	6	86	V	118	v
23	ETB	55	7	87	W	119	w
24	CAN	56	8	88	X	120	x
25	EM	57	9	89	Y	121	y
26	SUB	58	:	90	Z	122	z
27	ESC	59	;	91	[	123	{
28	FS	60	<	92	/	124	|
29	GS	61	=	93	]	125	}
30	RS	62	>	94	^	126	～
31	US	63	?	95	_	127	

注：ASCII 码的 0～31 为控制字符，32～127 为可见字符。

附录2 MCS-51 指令速查表

类别	指令格式	功能简述	字节	周期
数据传送类指令期	MOV A, Ri	寄存器送累加器	1	1
	MOV Ri, A	累加器送寄存器	1	1
	MOV A, @Rj	内部 RAM 单元送累加器	1	1
	MOV @Rj, A	累加器送内部 RAM 单元	1	1
	MOV A, #data	立即数送累加器	2	1
	MOV A, direct	直接寻址单元送累加器	2	1
	MOV direct, A	累加器送直接寻址单元	2	1
	MOV Ri, #data	立即数送寄存器	2	1
	MOV direct, #data	立即数送直接寻址单元	3	2
	MOV @Rj, #data	立即数送内部 RAM 单元	2	1
	MOV direct, Ri	寄存器送直接寻址单元	2	2
	MOV Ri, direct	直接寻址单元送寄存器	2	2
	MOV direct, @Rj	内部 RAM 单元送直接寻址单元	2	2
	MOV @Rj, direct	直接寻址单元送内部 RAM 单元	2	2
	MOV direct2, direct1	直接寻址单元送直接寻址单元	3	2
	MOV DPTR, #data16	16 位立即数送数据指针	3	2
	MOVX A, @Rj	外部 RAM 单元送累加器（8 位地址）	1	2
	MOVX @Rj, A	累加器送外部 RAM 单元（8 位地址）	1	2
	MOVX A, @DPTR	外部 RAM 单元送累加器（16 位地址）	1	2
	MOVX @DPTR, A	累加器送外部 RAM 单元（16 位地址）	1	2
	MOVC A, @A+DPTR	查表数据送累加器（DPTR 为基址）	1	2
	MOVC A, @A+PC	查表数据送累加器（PC 为基址）	1	2
算术运算类指令	XCH A, Ri	累加器与寄存器交换	1	1
	XCH A, @Rj	累加器与内部 RAM 单元交换	1	1
	XCHD A, direct	累加器与直接寻址单元交换	2	1
	XCHD A, @Rj	累加器与内部 RAM 单元低 4 位交换	1	1
	SWAP A	累加器高 4 位与低 4 位交换	1	1
	POP direct	栈顶弹出指令直接寻址单元	2	2
	PUSH direct	直接寻址单元压入栈顶	2	2
	ADD A, Ri	累加器加寄存器	1	1

类别	指令格式		功能简述	字节	周期
算术运算类指令	ADD	A，@Rj	累加器加内部 RAM 单元	1	1
	ADD	A，direct	累加器加直接寻址单元	2	1
	ADD	A，#data	累加器加立即数	2	1
	ADDC	A，Ri	累加器加寄存器和进位标志	1	1
	ADDC	A，@Rj	累加器加内部 RAM 单元和进位标志	1	1
	ADDC	A，#data	累加器加立即数和进位标志	2	1
	ADDC	A，direct	累加器加直接寻址单元和进位标志	2	1
	INC	A	累加器加 1	1	1
	INC	Ri	寄存器加 1	1	1
	INC	direct	直接寻址单元加 1	2	1
	INC	@Rj	内部 RAM 单元加 1	1	1
	INC	DPTR	数据指针加 1	1	2
	DA	A	十进制调整	1	1
	SUBB	A，Ri	累加器减寄存器和进位标志	1	1
	SUBB	A，@Rj	累加器减内部 RAM 单元和进位标志	1	1
	SUBB	A，#data	累加器减立即数和进位标志	2	1
	SUBB	A，direct	累加器减直接寻址单元和进位标志	2	1
	DEC	A	累加器减 1	1	1
	DEC	Ri	寄存器减 1	1	1
	DEC	@Rj	内部 RAM 单元减 1	1	1
	DEC	direct	直接寻址单元减 1	2	1
	MUL	AB	累加器乘寄存器 B	1	4
	DIV	AB	累加器除以寄存器 B	1	4
逻辑运算类指令	ANL	A，Ri	累加器与寄存器	1	1
	ANL	A，@Rj	累加器与内部 RAM 单元	1	1
	ANL	A，#data	累加器与立即数	2	1
	ANL	A，direct	累加器与直接寻址单元	2	1
	ANL	direct，A	直接寻址单元与累加器	2	1
	ANL	direct，#data	直接寻址单元与立即数	3	1
	ORL	A，Ri	累加器或寄存器	1	1
	ORL	A，@Rj	累加器或内部 RAM 单元	1	1
	ORL	A，#data	累加器或立即数	2	1
	ORL	A，direct	累加器或直接寻址单元	2	1
	ORL	direct，A	直接寻址单元或累加器	2	1

续表

类别	指令格式	功能简述	字节	周期
逻辑运算类指令	ORL direct，#data	直接寻址单元或立即数	3	1
	XRL A，Ri	累加器异或寄存器	1	1
	XRL A，@Rj	累加器异或内部 RAM 单元	1	1
	XRL A，#data	累加器异或立即数	2	1
	XRL A，direct	累加器异或直接寻址单元	2	1
	XRL direct，A	直接寻址单元异或累加器	2	1
	XRL direct，#data	直接寻址单元异或立即数	3	2
	RL A	累加器左循环移位	1	1
	RLC A	累加器连进位标志左循环移位	1	1
	RR A	累加器右循环移位	1	1
	RRC A	累加器连进位标志右循环移位	1	1
	CPL A	累加器取反	1	1
	CLR A	累加器清零	1	1
控制转移类指令	ACCALL addr11	2KB 范围内绝对调用	2	2
	AJMP addr11	2KB 范围内绝对转移	2	2
	LCALL addr16	2KB 范围内长调用	3	2
	LJMP addr16	2KB 范围内长转移	3	2
	SJMP rel	相对短转移	2	2
	JMP @A+DPTR	相对长转移	1	2
	RET	子程序返回	1	2
	RET1	中断返回	1	2
	JZ rel	累加器为零转移	2	2
	JNZ rel	累加器非零转移	2	2
	CJNE A，#data，rel	累加器与立即数不等转移	3	2
	CJNE A，direct，rel	累加器与直接寻址单元不等转移	3	2
	CJNE Ri，#data，rel	寄存器与立即数不等转移	3	2
	CJNE @Rj，#data，rel	RAM 单元与立即数不等转移	3	2
	DJNZ Ri，rel	寄存器减 1 不为零转移	2	2
	DJNZ direct，rel	直接寻址单元减 1 不为零转移	3	2
布尔操作类指令	NOP	空操作	1	1
	MOV C，bit	直接寻址位送 C	2	1
	MOV bit，C	C 送直接寻址位	2	1
	CLR C	C 清零	1	1
	CLR bit	直接寻址位清零	2	1

类别	指令格式	功能简述	字节	周期
布尔操作类指令	CPL　C	C 取反	1	1
	CPL　bit	直接寻址位取反	2	1
	SETB　C	C 置位	1	1
	SETB　bit	直接寻址位置位	2	1
	ANL　C，bit	C 逻辑与直接寻址位	2	2
	ANL　C，/bit	C 逻辑与直接寻址位的反	2	2
	ORL　C，bit	C 逻辑或直接寻址位	2	2
	ORL　C，/bit	C 逻辑或直接寻址位的反	2	2
	JC　rel	C 为 1 转移	2	2
	JNC　rel	C 为零转移	2	2
	JB　bit，rel	直接寻址位为 1 转移	3	2
	JNB　bit，rel	直接寻址为 0 转移	3	2
	JBC　bit，rel	直接寻址位为 1 转移并清该位	3	2

习 题 答 案

第 1 章　单片机概述

1. 简述冯·诺依曼体制的主要思想

答：（1）采用二进制代码形式表示信息（数据、指令）；

（2）采用存储程序工作方式（冯·诺依曼思想最核心的概念）；

（3）计算机硬件系统由五大部件（运算器、控制器、存储器、输入和输出设备）组成。

2. 什么叫单片机？单片机由哪些基本部件组成？单片机与一般的计算机有什么差别？

答：单片机是单片微型计算机（Single Chip Microcomputer）的简称，特别适合用于控制领域，故又称为微控制器 MCU（Micro Control Unit）。它不是完成某一个逻辑功能的芯片，而是把一个计算机系统集成到一个芯片上。把中央处理器 CPU（Central Processing Unit）、存储器（Memory）、I/O（Input/Output）接口电路等一些计算机的主要功能部件集成在一块集成电路芯片上的构成一个芯片级的计算机。一块芯片就成了一台计算机，因为整个系统是在单一芯片上完成的，因此单片机是一种典型的片上系统（System On Chip，简称 SOC）。

3. 单片机主要应用于哪些领域？

答：智能产品、智能仪表、测控系统、数控型控制机、智能接口。

4. 简述单片机发展的四个阶段。

答：探索—完善—MCU 化—百花齐放

第 2 章　AT89S52 单片机系统结构

1. 计算机的总线有哪些？MCS-51 引脚中有多少 I/O 线？控制线各有什么功能？

答：在计算机中，根据总线的功能可以分为数据总线、地址总线和控制总线。MCS-51 引脚中有 32 根 I/O 线、4 根控制：ALE/$\overline{\text{PROG}}$、$\overline{\text{PSEN}}$、RST/V_{PD} 和 $\overline{\text{EA}}$/VPP 以及电源引脚 VCC、GND、时钟引脚 XTAL1、XTAL2。

①ALE/$\overline{\text{PROG}}$

地址锁存控制信号（ALE）是访问外部程序存储器时，锁存低 8 位地址的输出脉冲，实现低字节地址和数据的分时复用。在 Flash 编程时，此引脚 $\overline{\text{PROG}}$ 也用作编程输入脉冲。在一般情况下，ALE 以晶振 1/6 的固定频率输出脉冲，可用来作为外部定时器或时钟使用。

②$\overline{\text{PSEN}}$

$\overline{\text{PSEN}}$ 引脚是外部程序存储器选通信号。当 AT89S52 从外部程序存储器执行外部代码时，$\overline{\text{PSEN}}$ 在每个机器周期被激活两次，而在访问外部数据存储器时，$\overline{\text{PSEN}}$ 将不被激活。

③RST

RST（Reset）复位信号输入端。晶振工作时，RST 引脚持续加上 2 个机器周期高电平将使单片机复位。看门狗计时完成后，RST 脚输出 96 个晶振周期的高电平。

④$\overline{EA}$/VPP

访问外部程序存储器控制信号。为使能从 0000H 到 FFFFH 的外部程序存储器读取指令，$\overline{EA}$ 必须接 GND。为了执行内部程序指令，$\overline{EA}$ 应该接 V_{CC}。在 Flash 编程期间，EA 也接收 12 伏 V_{PP} 电压。

2. 单片机的内部由哪几个部分组成？

答：5 个部分：微处理器（CPU）、存储器、I/O 端口、定时器/计数器和中断系统。

3. 简述累加器的 ACC 的作用。

答：运算部件中的累加器ACC是一个最常用的具有特殊用途的二进制8位寄存器（ACC也可简写为A），累加器A（Accumulator）专门用来存放操作数或运算结果。在CPU执行运算前，大部分单操作数指令的操作数取自累加器；两操作数指令通常有一个操作数放入累加器中，运算完成后再把运算结果放入累加器中。从功能上看，它与一般微机的累加器相比没有什么特别之处，但需要说明的是ACC的进位标志CY就是布尔处理器进行位操作的一个累加器。

累加器相当于数据的中转站。由于数据传送大多数都通过累加器，容易产生"堵塞"现象，即累加器具有"瓶颈"现象。

4. 程序状态字各位的功能分别是什么？如何由 RS1、RS0 的值来确定 R0～R7 的物理地址？

答：程序状态字寄存器是一个8位寄存器，可读可写，用于存放程序运行的状态信息，相当于一个标志寄存器，这个寄存器的一些位可由软件设置，有些位则由硬件运行时自动设置。下表是它的功能说明。

位序	PSW.7	PSW.6	PSW.5	PSW.4	PSW.3	PSW.2	PSW.1	PSW.0
位标志	CY	AC	F0	RS1	RS0	OV	—	P

PSW.4、PSW.3（RS1和RS0）：寄存器组选择位。AT89S52共有4组工作寄存器，每组8个单元。8个8位工作寄存器分别用R0～R7表示，可以用软件置位或清除以确定当前使用的工作寄存器区。可以通过改变RS1和RS0的状态来决定R0～R7的实际物理地址，RS1和RS0与工作寄存器R0～R7的物理地址之间的关系如下表所示：

PSW.4（RS1）	PSW.3（RS0）	当前使用的工作寄存器区R0-R7
0	0	0区（00～07H）
0	1	1区（08～0FH）
1	0	2区（10～17H）
1	1	3区（18～1FH）

5. 决定程序执行顺序的寄存器是哪个？它是几位寄存器？

答：单片机执行一个程序，首先应该把该程序按顺序预先装入存储器 ROM 的某个区域。单片机工作时按顺序一条条取出指令并执行。这个过程中，必须有一个电路能找出指

令所在的单元地址，该电路就是程序计数器 PC。PC 是一个 16 位的寄存器

6. 什么叫堆栈？堆栈指针寄存器 SP 的作用是什么？MCS-51 单片机的堆栈区应建立在哪里？

答：堆栈是一种数据结构，它是一个 8 位寄存器，指示堆栈顶部在内部 RAM 中的位置。堆栈的最主要特征是"后进先出"规则，也即最先入栈的数据放在堆栈的最底部，而最后入栈的数据放在栈的顶部，因此，最后入栈的数据出栈时则是最先的。无论向堆栈写入数据还是从堆栈中读出数据，都是对栈顶单元进行的，SP 均指示出栈顶的位置（即地址）。在子程序调用和中断服务程序响应的开始和结束期间，CPU 根据 SP 指示的地址与相应的 RAM 存储单元交换数据。SP 的初始值为 07H，堆栈实际上是从 08H 开始进行数据操作。但从 RAM 的结构分布中可知，08H～1FH 隶属 1～3 工作寄存器区，编程时需要用到这些数据单元，必须对堆栈指针 SP 进行初始化，原则上设在任何一个区域均可，但要根据需要灵活设置。

7. DPRT 是什么寄存器？它的作用是什么？

答：在 AT89S52 单片机中，内含 2 个 16 位的数据指针寄存器 DPTR0 和 DPTR1。数据指针寄存器 DPTR0 和 DPTR1 是两个独特的 16 位寄存器，DPTR 既可以作为一个 16 位寄存器处理，也可以作为两个 8 位寄存器处理，其高 8 位用 DPH 表示，低 8 位用 DPL 表示。DPTR 主要功能是作为片外数据存储器或 I/O 寻址用的地址寄存器（间接寻址），故称为数据存储器地址指针。

8. 片内 RAM 低 128 个单元划分为哪 3 个主要部分？各部分的主要功能是什么？

答：在 00H～1FH 共 32 个单元中被均匀地分为四块，每块包含八个 8 位寄存器，均以 R0～R7 来命名，称这些寄存器为通用寄存器。内部数据存储器的 20H～2FH 单元为位寻址区，可作为一般单元用字节寻址，也可对它们的位进行寻址。30H～3FH 是数据缓冲区，只能字节寻址。

9. 8051 单片机有多少个特殊功能寄存器？它们可以分为几组，各完成什么主要功能？

答：AT89S52 有 32 个特殊功能寄存器，它们被离散地分布在内部 RAM 的 80H～FFH 地址中，这些寄存的功能已作了专门的规定，用户不能修改其结构。这些特殊功能寄存器大体上分为两类，一类与芯片的引脚有关，另一类作片内功能的控制用。详细功能见表 2-5。

10. MCS-51 单片机的 4 个并口各有什么功能？

答：P0 口在实际应用中，多作为地址/数据总线使用。

P1 口作通用 I/O 端口使用，不仅可以以 8 位一组进行输入、输出操作，还可以逐位分别定义各口线为输入线或输出线。AT89S52 的 P1.0 和 P1.1 是多功能引脚，P1.0 可作定时器/计数器 2 的外部计数触发输入端 T2，P1.1 可作定时器/计数器 2 的外部控制输入端 T2EX。

P2 口不仅可以作通用 I/O 端口还可以作地址总线口使用。

P3 口也是一个 8 位准双向 I/O 口，还具有第二功能，见表 2-6。

11. 什么叫指令周期？什么叫机器周期？什么叫时钟周期？什么叫振荡周期？他们之间有什么联系？

答：指令周期是执行一条指令所需要的时间，一般由若干个机器周期组成。

在计算机中，为了便于管理，常把一条指令的执行过程划分为若干个阶段，每一阶段完成一项工作。例如，取指令、存储器读、存储器写等，这每一项工作称为一个基本操作。完成一个基本操作所需要的时间称为机器周期。

时钟周期是振荡周期的两倍，是对振荡器 2 分频的信号。时钟周期又称状态周期，振荡周期指为单片机提供定时信号的振荡源的周期，即晶体振荡器直接产生的振荡信号，用 T_{osc} 表示。

振荡周期 $T_{ocs}=1/f_{osc}$，f_{osc} 为振荡频率；

时钟周期 $S=2T_{osc}$；

机器周期 $=12T_{osc}$；

指令周期 $=1\sim4$ 个机器周期。

第 3 章　寻址方式和指令系统

1. MCS-51 系列单片机的寻址方式有哪几种？请分析各种寻址方式的访问对象与寻址范围。

答：寻址方式就是指令中用来找到存放操作数的地址并把数据提取出来的方法。51 系列单片机指令系统的寻址方式有以下 7 种：

（1）立即寻址：在这种寻址方式中，指令中跟在操作码后面的一个字节就是实际操作数。立即数前面必须有符号"#"。

（2）直接寻址：直接寻址就是在指令中包含了操作数的地址，该地址直接给出了参加运算或传送的数据所在的字节单元或位，它可以访问内部 RAM 的 128 字节单元、221 个位地址空间以及特殊功能寄存器 SFR，且 SFR 和位地址空间只能用直接寻址方式来访问。

（3）寄存器寻址：寄存器寻址是指以某一个可寻址的寄存器的内容为操作数。对于累加器 A、通用寄存器 B、数据指针寄存器 DPTR 和进位位 C，其寻址时具体的寄存器已隐含在其操作码中，而对于选定的 8 个工作寄存器 R0～R7，则用操作码的低 3 位指明所用寄存器。

（4）寄存器间接寻址方式：在这种寻址方式中，操作数所指定的寄存器中存放的不是操作数本身，而是操作数的地址。寄存器间接寻址方式把指令中寄存器的内容作为地址，再到该地址单元取得操作数。变址寻址寄存器间接寻址用符号"@"表示。

（5）基址寄存器加变址寄存器间接寻址：以数据指针 DPTR 或程序计数器 PC 的内容为基地址，然后，在这个基地址的基础上加上累加器 A 中的地址偏移量形成真正的操作数地址。这种寻址方式常用于查表操作。

（6）相对寻址：将程序计数器 PC 中的当前值（该当前值是指执行完这条相对转移指令后的 PC 的字节地址）为基准，加上指令中给定的偏移量所得结果而形成实际的转移地址。这种寻址方式主要用于转移指令指定转移的目标地址。

（7）位寻址：对片内 RAM 的位寻址区和某些可位寻址的特殊功能寄存器进行位操作时的寻址方式。位地址表示一个可作位寻址的单元，它或者在内部 RAM 中或者是一个硬件的位。

2. 要访问片内 RAM，有哪几种寻址方式？要访问片外 RAM，有哪几种寻址方式？要访问 ROM，又有哪几种寻址方式？

答：要访问片内 RAM，可以采用 MOV 指令，使用寄存器间接寻址或者借位地址寻址；要访问片外的 RAM，主要采用 MOVX 指令，借工作寄存器间接寻址或者借数据指针寄存器间接寻址；要访问 ROM，主要用 MOVC 指令或者采用控制转移类指令。

3. 请判断下列各条指令的书写格式是否有错，如有错说明原因。

（1）MOV　28H，@R2　错

（2）MOV　F0，C　对

（3）CLR　　R0　错

（4）MUL　R0 R1

（5）MOVC　@A+DPTRA

（6）JZ　A，LOOP

答：（1）错。立即数不能是目的操作数。

（2）对。是采用的位操作类指令。

（3）错。清零指令是针对累加器 A 的。

（4）错。MUL 指令的操作数只能是 A 和 B。

（5）错。MOVC 指令的源操作数只能采用基址寄存器加变址寄存器间接寻址。所以指令可改为 MOVC A，@A+DPTR

（6）JZ 指令是默认的累加器 A 中的值为零则转移。JZ 指令的格式为 JZ rel。8 位带符号的偏移字节，它不能是 LOOP 等本指令系统中的助记符。所以本条指令可改为 JZ LOOP1。

4. 已知程序执行前有（A）=02H，（SP）=42H，（41H）=FFH，（42H）=3FH。下述程序执行后，（A）=_____，（SP）=_____，（51H）=_____，（52H）=_____。

```
        POP     DPH
        POP     DPL
        RL      A
        MOV     B，A
        MOVC    A，@A+DPTR
        PUSH    A
        MOV     A，B
        INC     A
        MOVC    A，@A+DPTR
        PUSH    A
        RET
        ORG     4000H
        DB      10H，80H，30H，50H，30H，50H
```

答：（A）=30H，　（SP）=42H，　（41H）=50H，　（42H）=30H

5. 已知（R0）=20H，（20H）=10H，（P0）=30H，（R2）=20H，执行如下程序段后，（40H）=_____。

```
        MOV     @R0，#10H
        MOV     A，R2
        SETB    C
        ADDC    A，20H
        MOV     PSW，#80H
```

```
        SUBB   A , P0
        XRL    A , #67H
        MOV    40H , A
```
答：67H

6. 假定（A）=83H，（R0）=27H，（27H）=34H，执行以下指令后，A 的内容为_____。

```
        ANL    A, #27H
        ORL    27H, A
        XRL    A, @R0
        CPL    A
```
答：0CBH

7. 若 SP=40H，标号 LABEL 所在的地址为 3456H。LCALL 指令的地址为 2000H，执行指令如下：2000H LCALL LABEL

（1）堆栈指针 SP 和堆栈内容发生了什么变化？

（2）PC 的值等于什么？

（3）如果将指令 LCALL 直接换成 ACALL，是否可以？

（4）如果换成 ACALL 指令，可调用的地址范围是什么？

答：（1）SP=SP+1=41H　　　　（41H）=PC 的低字节=03H

　　　　SP=SP+1=42H　　　　（42H）=PC 的高字节=20H

　　（2）PC=3456H

　　（3）可以

　　（4）2KB=2048 Byte

第 4 章　AT89S52 单片机中断系统

1. **什么是中断？**

答：中断技术实质上是一种资源共享技术，它允许多个任务共享相同的计算机资源，包括 CPU、总线和存储器等。当 CPU 正在处理某项事务的时候，程序执行过程中，允许外部或内部事件通过硬件打断程序的执行，使其转向为处理外部或内部事件的中断服务程序中去。完成中断服务程序后，CPU 继续原来被打断的程序，这样的过程称为中断响应过程。

2. **MCS-51 单片机的两个外部中断源有哪两种触发方式？不同触发方式下的中断请求标志是如何清 0 的？当采用电平触发时，对外部中断信号有什么要求？**

答：$\overline{INT0}$ 来自 P3.2 引脚上的外部中断请求（外部中断 0），低电平或下降沿（从高到低）有效，通过设置 IT0 的值可将外部中断 0 设置为低电平触发或下降沿触发。IT0＝0 时，$\overline{INT0}$ 为电平触发方式，当引脚 $\overline{INT0}$ 上出现低电平时就向 CPU 申请中断；IT0＝1 时，$\overline{INT0}$ 为跳变触发方式，当 $\overline{INT0}$ 引脚上出现负跳变时，置位 TCON.1 的 IE0 中断请求标志位，向 CPU 申请中断。CPU 在每个机器周期的 S5P2 状态采样 IE0 标志位，当条件满足，则响应中断请求。

3. **CPU 响应中断的条件是什么？响应中断后，CPU 要进行哪些操作？**

答：CPU 响应中断的条件：（1）无同级或更高级中断正在服务；（2）当前指令周期已

经结束；（3）若现行指令为 RETI 或访问 IE、IP 指令时，该指令以及紧接着的下一条指令也执行完成。

CPU 响应中断时，先置位相应的优先级激活触发器，封锁同级和低级的中断。然后程序根据中断源的类别，在硬件的控制下转向相应的中断入口单元，执行中断服务程序。

硬件调用中断服务程序时，把程序计数器 PC 的内容压入堆栈（但不能自动保存程序状态字 PSW 的内容），硬件自动插入一条 AJMP 指令，程序计数器跳转至中断服务程序的入口地址。

4. 某系统有 3 个外部中断源 1、2、3，当某一中断源变为低电平时，便要求 CPU 进行处理，它们的优先处理次序由高到低依次为 2 号、3 号、1 号，中断处理程序的入口地址分别为 2000H、2100H、2200H。试编写主程序及中断服务程序（转至相应的中断处理程序的入口即可）。

答：若仅在 $\overline{\text{INT}_0}$ 引脚接 3 个外部中断源

```
            ORG    0000H
            LJMP   MAIN
            ORG    0003H
            LJMP   INT_EX0
            ORG    0030H
MAIN:       CLR    IT0          ; 采用低电平有效中断
            SETB   EX0          ; 允许外部中断 0
            SETB   EA
                                ; 插入用户程序
WAIT:       MOV    PCON, #01H   ; 单片机进入休眠方式等待中断
            NOP
            LJMP   WAIT
                                ; 以下为外部中断 0 服务子程序
INT_EX0:    JNB    P1.1, NEXT1  ; 判断是不是 2 号中断
            LJMP   INT_IR1      ; 跳转到 2 号中断处理程序
NEXT1:      JNB    P1.2, NEXT2  ; 判断是不是 3 号中断
            LJMP   INT_IR2      ; 跳转到 3 号中断处理程序
NEXT2:      LJMP   INT_IR3      ; 跳转到 1 号中断处理程序

            ORG    2000H
INT_IR1:
                                ; 插入相应中断处理程序

            RETI                ; 中断返回
            ORG    2100H
INT_IR2:
                                ; 插入相应中断处理程序
```

```
        RETI                    ;中断返回
        ORG      2200H
INT_IR3:
                                ;插入相应中断处理程序

        RETI                    ;中断返回
```

第 5 章　AT89S52 单片机定时器/计数器

1. T89S52 单片机内设有几个定时/计数器？它们由哪些专用寄存器构成？其地址分别是多少？

答：AT89S52 单片机定时器/计数器内有 2 个定时/计数器，基本部件是两个 8 位的计数器（T1 计数器分为高 8 位 TH1 和低 8 位 TL1，T0 计数器的高 8 位是 TH0，低 8 位是 TL0）其访问地址依次为 8AH～8DH。

2. 定时/计数器用作定时器时，其计数脉冲由谁提供？定时时间与哪些因素有关？定时/计数器用作定时器时，对外界计数频率有何限制？

答：定时器/计数器的核心是一个加 1 计数器，在作定时器使用时，它对机器周期进行计数，每过一个机器周期计数器加 1，直到计数器计满溢出。输入的时钟脉冲是由晶体振荡器的输出经 12 分频后得到的，因此，时钟脉冲频率为晶振频率的 1/12，所以定时器也可看做是对单片机机器周期的计数器。由于一个机器周期由 12 个振荡周期组成，定时器的定时时间不仅与计数器的初值即计数长度有关，而且还与系统的时钟频率有关，如果晶振频率为 12MHz，则定时器每接收一个输入脉冲的时间为 1μs。

当它用作对外部事件计数时，计数器接相应的外部输入引脚 T0（P3.4）或 T1（P3.5）。在每个机器周期的 S5P2 时采样外部输入，计数器加 1 操作发生在检测到这种跳变后的下一个机器周期的 S3P1 期间，因此需要 2 个机器周期（24 个振荡周期）来识别一个从"1"到"0"的跳变，当采样值在这个机器周期为 1，在下一个机器周期为 0 时，则计数器加 1，最高计数频率为晶振频率的 1/24。对外部输入信号的占空比没有特别的限制，但必须保证输入信号电平在它发生跳变前至少被采样一次，因此输入信号的电平至少应在一个完整的机器周期中保证不变。

3. 一个定时器的定时时间有限，如何实现两个定时器的串行定时，来实现较长时间的定时？

答：（1）在第一个定时器的中断程序里关闭本定时器的中断程序，设置和打开另一个定时器；在另一个定时器的中断程序中关闭本定时中断，设置和打开另一个定时器。这种方式的定时时间为两个定时器定时时间的和。

（2）一个作为定时器，在定时中断后产生一个外部计数脉冲（比如由 P1.0 接 INT0 产生），另一个定时器工作在计数方式。这样两个定时器的定时时间为一个定时器的定时时间乘以另一个定时器的计数值。

4. AT89S52 单片机的定时/计数器有哪几种工作方式？各有什么特点？

答：AT89S52 单片机内有四种工作方式，其控制字和状态均在相应的特殊功能寄存器中，通过对控制寄存器的编程，就可方便地选择适当的工作方式。

工作方式 0 是 13 位定时器/计数器；工作方式 1 是 16 位的定时/计数器；工作方式 2 是 8 位自动重装的定时/计数器；在工作方式 3 模式下，定时/计数器 1 的工作方式与之不同。方式 3 对定时器 T0 和定时器 T1 是不相同的。若 T1 设置为方式 3，则停止工作（其效果与 TR1=0 相同）。所以方式 3 只适用于 T0。

5. 如果采用晶振的频率为 6MHz，定时器/计数器在工作方式 0、1、2 下，其最大的定时时间为多少？

答：因为机器周期：

$$Tcy = \frac{12}{f_{osc}} = \frac{12}{6 \times 10^6} = 2 （\mu s），$$

所以定时器/计数器在工作方式 0 下，其最大定时时间为

$T_{max} = 2^{13} \times T_C = 2^{13} \times 2 \times 10^{-6} = 4.096$（ms）；

同样可以求得方式 1 下的最大定时时间为 131.072ms；方式 2 下的最大定时时间为 512ms。

6. 编写程序，要求使用 T0，采用方式 2 定时，在 P1.0 输出周期为 400μs，占空比为 10∶1 的矩形脉冲。

答：根据题意，从 P1.0 输出的矩形脉冲的高低电平的时间为 10∶1，则高低电平的时间分别为 363.63μs 和 36.37μs。如果系统采用 6MHz 晶振的话，$T_{cy}=2ms$，因此高低电平输出取整，则约为 364μs 和 36μs。编写程序如下：

```
ORG     0000H
        LJMP    MAIN
        ORG     000BH
        LJMP    IT0P
MAIN:   MOV     TMOD, #02H      ; 定时器/计数器 T0 为定时方式 2
        MOV     TL0, #4AH       ; 定时 364μs 初值赋值
        SETB    TR0             ; 启动 T0，开始计数
        SETB    ET0             ; 允许 T0 中断
        SETB    EA              ; CPU 开中断
        SETB    P1.0
WAIT:   AJMP    WAIT
IT0P:   CLR     EA
        CLR     P1.0            ; 关中断
        MOV     R0, #9
DLY:    DJNZ    R0, DLY         ; 延时 26μs
        MOV     TL0, #4AH       ; 定时 364μs 初值赋值
        SETB    P1.0
        SETB    EA
        RETI
```

第 6 章　AT89S52 单片机串行接口

1. 试述串行通信与并行通信的优缺点和用途分别是什么？什么是异步通信？它有几种帧格式？

答：在数据传输时，如果一个数据编码字符的所有各位都同时发送、并排传输，又同时被接收，则将这种传送方式称为并行通信方式。在数据传输时，如果一个数据编码字符的所有各位不是同时发送，而是按一定顺序，一位接着一位在信道中被发送和接收，则将这种传送方式称为串行通信方式。并行方式可一次同时传送 N 位数据，而串行方式一次只能传送一位。并行传送的线路复杂（需要 N 根数据线），串行传送的线路简单（只需要 1～2 根数据线）。并行方式常用于短距离通信，传输的速度快，串行传送主要用于计算机与远程终端之间的数据传送，也很适合于经由公共电话网连接的计算机之间的通信。另外在某些场合，串行接口也可代替并行接口来控制外设，以节省软硬件资源，简化线路。

2. 简述串行口接收和发送数据的过程。

答：以方式 1 为例。发送：数据位由 TXT 端输出，发送 1 帧信息为 10 位，当 CPU 执行 1 条数据写发送缓冲器 SBUF 的指令，就启动发送。发送开始时，内部发送控制信号/SEND 变为有效，将起始位向 TXD 输出，此后，每经过 1 个 TX 时钟周期，便产生 1 个移位脉冲，并由 TXD 输出 1 个数据位。8 位数据位全部完毕后，置 1 中断标志位 TI，然后/SEND 信号失效。接收：当检测到起始位的负跳变时，则开始接收。接收时，定时控制信号有 2 种，一种是位检测器采样脉冲，它的频率是 RX 时钟的 16 倍。也就是在 1 位数据期间，有 16 个采样脉冲，以波特率的 16 倍的速率采样 RXD 引脚状态，当采样到 RXD 端从 1 到 0 的跳变时就启动检测器，接收的值是 3 次连续采样，取其中 2 次相同的值，以确认是否是真正的起始位的开始，这样能较好地消除干扰引起的影响，以保证可靠无误地开始接收数据。

3. 串行口有几种工作方式？有几种帧格式？各种工作方式的波特率如何确定？

答：串行口有 4 种工作方式：方式 0、方式 1、方式 2、方式 3；有 3 种帧格式，方式 2 和 3 具有相同的帧格式；方式 0 的发送和接收都以 $f_{osc}/12$ 为固定波特率。

方式 1 的波特率 $=2^{SMOD}/32 \times$ 定时器 T1 的溢出率。

方式 2 的波特率 $=2^{SMOD}/64 \times f_{osc}$。

方式 3 的波特率 $=2^{SMOD}/32 \times$ 定时器 T1 的溢出率。

4. 某 8031 串行口，传送数据的帧格式为 1 个起始位（0），7 个数据位，1 个偶校验位和 1 个停止位（1）。当该串行口每分钟传送 1800 个字符时，试计算出波特率。

答：串口每秒钟传送的字符为：1800/60=30 个字符/秒

波特率为：30 个字符/秒×10 位/个字符=300bps

5. 若晶体振荡器为 11.0592MHz，串行口工作于方式 1，波特率为 4800bps，写出用 T1 作为波特率发生器的方式控制字和计数初值。

答：初值计算：查阅表 7-2 可得，FAH 控制字：

```
ANL TMOD，#0F0H
ORL TMOD，#20H
MOV TH1，#0FAH
MOV TL1，#0FAH
```

MOV SCON, #40H

6. 为什么定时器/计数器 T1 用作串行口波特率发生器时，采用方式 2？若已知时钟频率、通信波特率，如何计算其初值？

答：因为定时器/计数器在方式 2 下，初值可以自动重装，这样在做串口波特率发生器设置时，就避免了重装参数的操作。已知时钟频率、通信波特率，根据公式：

$$波特率 = \frac{2^{SMOD}}{32} \times \frac{f_{osc}}{12 \times (256 - X)}，计算出初值。$$

7. 简述利用串行口进行多机通信的原理。

答：在集散式分布系统中，往往采用一台主机和多台从机。其中主机发送的信息可以被各个从机接收，而各从机的信息只能被主机接收，从机与从机之间不能互相直接通信。在串行口控制寄存器 SCON 中，设有多处理机通信位 SM2。当串行口以方式 2 或方式 3 接收时，若 SM2=1，只有当接收到的第 9 位数据（RB8）为 1 时，才将数据送入接收缓冲器 SBUF，并使 RI 置 1，申请中断，否则数据将丢弃；若 SM2=0，则无论第 9 位数据 RB8 是 1 还是 0，都能将数据装入 SBUF，并且发出中断请求。利用这一特性，便可实现主机与多个从机之间的串行通信。

第 7 章 存储器和接口扩展

1. 为什么外扩存储器时，P0 口要外接锁存器，而 P2 口却不接？

答：在扩展存储器时，P0 口分时兼起着地址总线和数据总线的作用。单片机的地址锁存允许端 ALE 引脚接到 74LS373 的使能端 G，在 ALE 脉冲下降沿的这一瞬间 P0 口上的低 8 位地址信息被锁入地址锁存器。74LS373 的输出控制端 $\overline{OE}$ 直接接地，使一直有效，锁入的地址信息得以有效输出。单片机的片外程序存储器读选通信号（片外取指信号）端 $\overline{PSEN}$ 接到 2716 的输出允许端 $\overline{OE}$，在 $\overline{PSEN}$ 脉冲上升沿的这一瞬间实现取指。复用为地址总线和数据总线的 P0 口在取指瞬间即已用作数据总线，为了使送到 2716 的低 8 位地址信息在该瞬间仍能保持有效，可见必须添用地址锁存器。

2. 试编写一个程序（例如将 01H 和 09H 拼为 19H），设原始数据放在片外数据区 4001H 单元和 4002H 单元中，按顺序拼装后的单字节数放入 4002H。

答：首先读取 4001H 的值，保存在寄存器 A 中，将寄存器 A 的高 4 位和低 4 位互换，再屏蔽掉低 4 位然后将寄存器 A 的值保存到 30H 中，然后再读取 4002H 的值，保存在寄存器 A 中，屏蔽掉高 4 位，然后将寄存器 A 的值与 30H 进行或运算，将运算后的结果保存在 4002H 中。

```
            ORG       0000H
MAIN:       MOV       DPTR, #4001H      ; 设置数据指针的初值
            MOVX      A, @DPTR          ; 读取 4001H 的值
            SWAP      A
            ANL       A, #0F0H          ; 屏蔽掉低 4 位
            MOV       30H, A            ; 保存 A
            INC       DPTR              ; 指针指向下一个
```

MOVX	A，@DPTR	；读取 4002H 的值
ANL	A，#0FH	；屏蔽掉高 4 位
ORL	A，30H	；进行拼装
MOVX	@DPTR，A	；保存到 4002H
END		

3. 在 MCS-51 单片机系统中，外接程序存储器和数据存储器共 16 位地址线和 8 位数据线，为何不会发生冲突？

解：因为控制信号线的不同：外扩的 RAM 芯片既能读出又能写入，所以通常都有读写控制引脚，记为 $\overline{OE}$ 和 $\overline{WE}$。外扩 RAM 的读、写控制引脚分别与 MCS-51 的 $\overline{RD}$ 和 $\overline{WR}$ 引脚相连。外扩的 EPROM 在正常使用中只能读出，不能写入，故 EPROM 芯片没有写入控制引脚，只有读出引脚，记为 $\overline{OE}$，该引脚与 MCS-51 单片机的 $\overline{PSEN}$ 相连。

4. 如何区分 MCS-51 单片机片外程序存储器和片外数据存储器？

答：可以从以下 2 方面来区分：（1）看其芯片的型号是 ROM 还是 RAM；

（2）看其是与 $\overline{RD}$ 信号连接还是与 $\overline{PSEN}$ 信号连接。

5. 现有 8031 单片机、74LS373 锁存器、2 片 2716EPROM 和 2 片 6116RAM，请使用它们组成一个单片机系统，要求：

（1）画出硬件电路连线图，并标注主要引脚；

（2）指出该应用系统程序存储器空间和数据存储器空间各自的地址范围。

答：（1）电路连接图见下图：

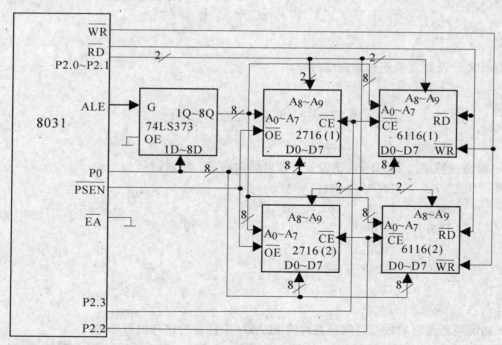

（2）2716（1）和 6116（1）的地址都是 0400H～07FFH；2716（2）和 6116（2）的地址都是 0800H～08FFH（假设未用地址线取低电平）。

6. 8255A 的方式控制字和 C 口按位置位/复位控制字都可以写入 8255A 的同一控制寄存

器，8255A 是如何区分这两个控制字的？

答：8255A 通过它们的最高位来进行判断，最高位为 1 时，这时 8255A 认为这是方式控制字，否则认为是 C 口按位置位/复位控制字。

7. 对图 7-25 中的 8255A 编程，使其各口工作于方式 0，A 口用作输入，B 口用作输出，C 口高 4 位作输出，低 4 位作输入。

答：由方式控制字的格式可知，满足题意的方式控制字为 91H。对 8255A 编程需将 91H 写入它的控制字积存器。

```
MOV  R0，#03H  ；控制字的地址设为 03H
MOV  A，#91H
MOVX @R0，A
```

8. MCS-51 的并行接口的扩展有多种方式，在什么情况下，采用扩展 8155 比较合适？什么情况下，采用扩展 8255A 比较适合？

答：8255A 具有 3 个 8 位的并行 I/O 口，3 种工作方式，可通过编程改变其功能，因而使用灵活方便，通用性强，可作为单片机与多种外围设备连接时的中间接口电路。8155 芯片内包含有 256B 的 RAM 存储器（静态），2 个可编程的八位并行口 PA 和 PB，1 个可编程的 6 位并行口 PC，以及 1 个 14 位减法定时器/计数器。所以它经常用于单片机的外围接口芯片。

第 8 章　51 单片机开发平台的使用

使用 Keil 及开发板熟练地完成开发。

第 9 章　单片机应用设计

1. 设振荡频率为 12MHz，请设计一软件延时程序，延时时间为 1ms

答：
```
DELAY:   MOV   R1，#0AH
DL2:     MOV   R2，#18H
DL1:     NOP
         NOP
         DJNZ  R2，DL1
         DJNZ  R1，DL2
         RET
```

2. 如何判断读取的数据到底是在片内 FLASH 中还是外扩存储器中的？

答：51 系列单片机通过 $\overline{EA}$ / VPP 引脚来区别，当 $\overline{EA}$ / VPP 为高电平时，系统选择片内 Flash 存储器，MOVC 指令操作的是片内 Flash 存储器指令，当 $\overline{EA}$ / VPP 为低电平时，系统选择片外扩展存储器。MOVC 指令操作的时片外扩展存储器。

3. LED 的静态显示方式于动态显示方式有何区别？各有什么优缺点？

答：静态显示时，数据是分开送到每一位 LED 上的。而动态显示则是数据是送到每一个 LED 上，再根据位选线来确定是哪一位 LED 被显示。静态显示亮度很高，但口线占用较多。动态显示则好一点，适合用在显示位数较多的场合。

4.单片机键盘接口方式有哪几种？

答：5 种：独立式；编码方式；行列方式；二维直读式；交互式。

5.单片机看门狗的原理是什么？

答：MCS-51 系列有专门的看门狗定时器，对系统频率进行分频计数，定时器溢出时，将引起复位。看门狗可以由编程设定其溢出速率，也可单独用来作为定时器使用。C8051Fxxx 单片机内部也有一个 21 位的使用系统时钟的定时器，该定时器检测对其控制寄存器的两次特定写操作的时间间隔。如果这个时间间隔超过了编程的极限值，将产生一个 WDT 复位。

参 考 文 献

[1] 孙涵芳，徐爱卿. MCS-51、96 系列单片机原理及应用. 北京：北京航空航天大学出版社，1999

[2] 张友德，赵志英，涂时亮. 单片微型机原理、应用与实验. 上海：复旦大学出版社，1992

[3] 何立民，MCS-51 系列单片机应用系统设计系统配置与接口技术. 北京：北京航空航天大学出版社，1990

[3] 周明德. 微型计算机硬件软件及应用. 北京：清华大学出版社，1982

[4] 郑学坚. 微型计算机入门及应用. 北京：农业出版社，1984

[5] 谭云福. IBM PC 8086/8088 宏汇编语言程序设计及实验. 北京：机械工业出版社，1993

[6] 孙育才，王荣兴，孙华芳. ATMEL 新型 AT89S52 系列单片机原理及其应用. 北京：清华大学出版社，2004

[7] 王幸之，钟爱琴，王雷. AT89 系列单片机原理与接口技术. 北京：北京航空航天大学出版社，2004

[8] 马忠梅. 单片机的 C 语言应用程序设计. 北京：北京航空航天大学出版社，2005

[9] 8-bit Microcontroller with 8K bytes In-system programmable Flash AT89S52 datasheet，Atmel Inc，2006

[10] 8051 Microcontroller Instruction Set，Atmel Inc，2006

[11] Cx51 compiler user's guide: optimizing C compiler andlibrary reference for classic and extended 8051 micro-controllers. Keil Software，Inc，2000

[12] C51 Compiler User's Guide . Keil Elektronik GmbH. and Keil Software，Inc2001

[13] RTX51 TINY Real Time Operating Applications User's Guide Keil Elektronik GMbh.，and Keil Software.Inc .2001

[14] Getting Started and Creating Applications User's Guide，Keil Elektronik GMbh.，and Keil Software.Inc .2001

[15] 8-Bit Embedded Controllers. Intel Corporation，1990

[16] 马淑华，王凤文，张美金，等. 单片机原理与接口技术. 北京：北京邮电大学出版社，2005

[17] 杨文龙. 单片机原理与应用. 西安：西安电子科技大学出版社，1999

[18] 余永权，李小青. 单片机应用系统的功率接口技术. 北京：北京航空航天大学出版社，1992

[19] 孙涵芳，徐爱卿. MCS-51/96 系列单片机原理与应用. 北京：北京航空航天大学出版社，1996

[20] 何立民. MCS-51 系列单片机应用系统设计. 北京：北京航空航天大学出版社，1990